大学计算机科学实验教学示范中心教材

总主编 张为群

汇编语言实验教程

HUIBIAN YUYAN SHIYAN JIAOCHENG

主 编 熊 江 **副主编** 陈立秀 贺春林 康 庆 张小萍 邵桂芳

西南大学出版社

SWUP 国家一级出版社 全国百佳图书出版单位

内容简介

本书以80x86系列微机为背景机，以80x86 CPU为基础，由浅入深地介绍了汇编语言程序设计实验相关知识。全书共分为六章，主要内容包括DOS环境和Windows环境下汇编语言程序设计的操作步骤；Debug常用命令及用法；算术运算类操作实验方法；逻辑运算、移位操作及数码转换编程实验方法以及汇编语言程序设计中常见的几种程序设计方法，比如顺序程序设计、分支程序设计、循环程序设计和子程序设计；字符串操作及输入/输出实验方法；最后通过一个综合程序设计实验来加强学生的汇编语言程序设计的综合开发能力。本书内容充实、重点突出，所选实验例题均具有较强的代表性。

本书作者大多数都是具有十余年教学经验的一线教师，他们深知初学者学习汇编语言程序设计的困难之处，所以对于学习中重难点都给出了重要的提示。

本书适合作为计算机应用、自动化、机电与通信类等专业的本科与专科的实验教材，也可作为工程技术人员参考用书。

图书在版编目(CIP)数据

汇编语言实验教程/熊江主编. —重庆：西南师范大学出版社，2008.6

ISBN 978-7-5621-4111-2

Ⅰ. 汇…　Ⅱ. 熊…　Ⅲ. 汇编语言—程序设计—高等学校：技术学校—教材　Ⅳ. TP313

中国版本图书馆CIP数据核字(2008)第079527号

大学计算机科学实验教学示范中心教材

汇编语言实验教程

总 主 编：张为群
本册主编：熊　江

责任编辑：张浩宇
封面设计：陈　杨
出版发行：西南大学出版社(原西南师范大学出版社)
　　　　　重庆·北碚　邮编：400715
　　　　　网址：www.xdcbs.com
印　　刷：重庆市圣立印刷有限公司
幅面尺寸：185 mm×250 mm
印　　张：10
字　　数：270千字
版　　次：2020年6月第2版
印　　次：2024年8月第2次
书　　号：ISBN 978-7-5621-4111-2

定　　价：40.00元

前言

汇编语言程序设计是计算机及电子信息与通讯类专业一门重要的基础课程，是培养学生直接使用计算机硬件资源能力的一门课程。同时，它也是学习操作系统、接口与通信技术、计算机组成原理和单片机技术的前导课程。“汇编语言程序设计”是一门实践性很强的课程，只有通过上机实践才有可能掌握汇编语言程序设计技术，因此我们编写了这本实验教程。

本书共分为六章，第一章介绍了 DOS 环境和 Windows 环境下汇编语言程序设计的实验步骤以及介绍了 Debug 常用命令及用法，Debug 是调试汇编语言的一种有效工具。第二章介绍了算术运算类操作实验方法，从二进制加、减法编程实验、十进制数的 BCD 加、减法编程实验和二进制数乘、除法编程实验进行介绍。第三章介绍了逻辑运算、移位操作及数码转换编程实验方法，从逻辑运算编程实验、移位操作编程实验和 ASCII 码表示的十进制数、二进制数和 BCD 的互换编程实验等三个部分进行介绍。第四章介绍了汇编语言程序设计中常见的几种程序设计方法，顺序程序设计、分支程序设计、循环程序设计和子程序设计，这几种程序设计方法是汇编语言程序设计基础，复杂的程序都是由它们构成的。第五章介绍了字符串操作及输入/输出实验方法，从字符串操作编程实验、字符及字符串的输入/输出编程实验和发声系统程序编程设计三个部分进行介绍。第六章主要讨论了综合程序设计实验，从中断实验开发和学生成绩管理系统实验开发来加强学生的汇编语言程序设计的综合开发能力。

本书第一章和附录由重庆三峡学院的熊江老师和重庆信息技术职业学院的陈立秀老师编写，第二章由广西大学的张小萍老师编写，第三章由西南大学育才学院的夏祥礼老师编写，第四章由西华师大的贺春林老师编写，第五章由重庆工学院邵桂芳老师编写，第六章由重庆师范大学的康庆老师编写，最后由熊江老师总编纂。我们衷心感谢兄弟院校的领导、学者和同仁们对本书的支持和肯定，感谢我的学生认真帮我进行校对和程序调试。

我们还要特别感谢本书的责任编辑张浩宇同志对本书出版作了许多建设性的指导，是所有参与者的艰辛工作，才使得本书能与读者见面。

本书的所有作者都是多年从事汇编语言教学的一线教师。该书可以说是作者们多年教学工作经验的积累和总结。尽管我们再三校对，但肯定还存在错误和不足，恳请读者指正和谅解，您的批评指正是我们的期待，我们的联系方式是：xjcq123@sohu. com。

最后，我们再次感谢所有帮助和关心我们的朋友，谢谢你们使用本书，并祝你们学习成功。

编　者

2020 年 4 月于重庆万州

目录

第一章　汇编语言程序设计的实验环境及实验步骤

知识提要：

本章主要进行汇编语言实验环境及实验步骤，涉及到的知识点包括：

1. 汇编语言源程序编写好以后，必须经过下列几个步骤才能在机器上运行：

（1）编辑源程序（生成.ASM 文件）；

（2）汇编源程序（.ASM → .OBJ）；

（3）连接目标程序（.OBJ → .EXE）；

（4）调试可执行程序（使用调试程序 Debug 调试生成的.EXE 文件）；

（5）运行程序输出结果。

2. Windows 环境下的汇编语言集成编程环境的使用

实验一　DOS 环境下的汇编语言编程环境的使用（基础与验证型实验）

一、实验要求和目的

1. 掌握汇编语言程序设计的基本方法和技能；

2. 熟练掌握使用全屏幕编辑程序 EDIT 编辑汇编语言源程序；

3. 熟练掌握宏汇编程序 MASM 的使用；

4. 熟练掌握连接程序 LINK 的使用。

二、软硬件环境

1. 硬件环境：微机 CPU 586 以上，128GB 以上硬盘，2GB 以上内存；

2. 软件环境：装有 MASM 5.0、DEBUG、LINK、EDIT、CREF.EXE 和 EXR2BIN.EXE 等应用程序。

三、实验涉及的主要知识单元

(一)汇编语言源程序的汇编过程

汇编语言源程序的汇编过程是利用汇编程序(MASM)对已编辑好的源程序文件(.ASM)进行汇编,将源程序文件中以 ASCII 码表示的助记符指令逐条翻译成机器码指令,并完成源程序中的伪指令所指出的各种操作,最后可以建立 3 个文件:扩展名为.OBJ 的目标文件、扩展名为 .LST 的列表文件和扩展名为 .CRF 的交叉索引文件。目标文件是必须建立的,它包含了程序中所有的机器码指令和伪指令指出的各种有关信息,但该文件中的操作数地址还不是内存的绝对地址,只是一个可浮动的相对地址。列表文件(.LST)中包含了源程序的全部信息(包括注释)和汇编后的目标程序,列表文件可以打印输出,可供调试检查用。交叉索引文件(.CRF)是用来了解源程序中各符号的定义和引用情况的。但.LST 和.CRF 两个文件不是必须建立的,可有可无,可以通过汇编时的命令加以选择。

在对源程序文件(.ASM 文件)汇编时,汇编程序将对 ASM 文件进行两遍扫描,若程序文件中有语法错误,则结束汇编,汇编程序将指出源程序中存在的错误,这时应返回编辑环境修改源程序中的错误,再经过汇编,直到最后得到无错误的目标程序,即 OBJ 文件。因此,汇编程序的主要功能可以概括为以下三点:(1) 检查源程序中的语法错误,并给出错误信息;(2) 产生目标程序文件(.OBJ 文件),并可给出列表文件(.LST 文件);(3) 展开宏指令。

汇编程序是系统提供的用于汇编的系统软件,目前常用的汇编程序有 Microsoft 公司推出的宏汇编程 MASM(MACRO ASSEMBLER)和 BORLAND 公司推出的 TASM(TURBO ASSEMBLER)两种。Microsoft 公司推出有宏汇编程序 MASM 和小汇编程序 ASM 两种,二者的区别在于:MASM 有宏处理功能,而 ASM 没有宏处理功能。因此,MASM 比 ASM 的功能强大,但 MASM 需要占据较大的内存空间,当内存空间较小时(如 64 KB),只能使用 ASM。

(二)目标程序的连接过程

汇编后产生的目标程序(.OBJ 文件)并不是可执行程序文件(.EXE 文件),还不能直接运行,它必须通过连接程序(LINK)连接成一个可执行程序后才能运行。连接程序进行连接时,其输入有两个部分:一是目标文件(.OBJ),目标文件可以是一个也可以是多个,可以是汇编语言经汇编后产生的目标文件,也可以是高级语言(例如 C 语言)经编译后产生的目标文件;另一是库文件(.LIB),库文件是系统中已经建立的,主要是为高级语言提供的。连接后输出两个文件,一是扩展名为 .EXE 的可执行文件,另一个是扩展名为 .MAP 的内存分配文件,它是连接程序的列表文件,又称为连接映像(Link Map),它给出每个段在存储器中的分配情况,该文件可有可无。连接程序给出的"无堆栈段的警告性错误”并不影响程序的运行。所以，到此为止，连接过程已经结束，可以在操作系统下执行该.EXE程序了。

(三)汇编语言和DOS操作系统的接口

编写的汇编语言源程序是在DOS环境下运行时，必须了解汇编语言是如何同DOS操作系统接口的。

用编辑程序把源程序输入到机器中，用汇编程序把它转换为目标程序，用连接程序对其进行连接和定位时，操作系统为每一个用户程序建立了一个程序段前缀区PSP，其长度为256个字节，主要用于存放所要执行程序的有关信息，同时也提供了程序和操作系统的接口。操作系统在程序段前缀的开始处(偏移地址0000H)安排了一条INT 20H软中断指令。INT 20H中断服务程序由DOS提供，执行该服务程序后，控制就转移到DOS，即返回到DOS管理的状态。因此，用户在组织程序时，必须使程序执行完后能去执行存放于PSP开始处的INT 20H指令，这样便返回到DOS，否则就无法继续键入命令和程序。

DOS在建立了程序段前缀区PSP之后，将要执行的程序从磁盘装入内存。在定位程序时，DOS将代码段置于PSP下方，代码段之后是数据段，最后放置堆栈段。内存分配好之后，DOS就设置段寄存器DS和ES的值，以使它们指向PSP的开始处，即INT 20H的存放地址，同时将CS设置为PSP后面代码段的段地址，IP设置为指向代码段中第一条要执行的指令位置，把SS设置为指向堆栈的段地址，让SP指向堆栈段的栈底，然后系统开始执行用户程序。为了保证用户程序执行完后能返回到DOS状态，可使用如下两种方法。

1. 标准方法

首先将用户程序的主程序定义成一个FAR过程，其最后一条指令为RET。然后在代码段的主程序(即FAR过程)的开始部分用如下三条指令将PSP中INT 20H指令的段地址及偏移地址压入堆栈：

```
PUSH  DS;    保护PSP段地址
MOV   AX,0;  保护偏移地址0
PUSH  AX
```

这样，当程序执行到主程序的最后一条指令RET时，由于该过程具有FAR属性，故存在堆栈内的两个字就分别弹出到CS和IP，从而执行INT 20H指令，使控制返回到DOS状态。返回DOS的标志就是程序运行完后出现一个DOS的标识符，如C:\>。

2. 非标准方法

也可在用户的程序中不定义过程段，只在代码段结束之前(即CODE ENDS之前)增加两条语句：

```
MOV   AH,4CH
INT   21H
```

则程序执行完后也会自动返回 DOS 状态。

此外，由于开始执行用户程序时，DS 并不设置在用户的数据段的起始处，ES 同样也不设置在用户的附加段起始处，因而在程序开始处使用以下方法重新装填 DS 和 ES 的值使其指向用户的数据段：

MOV　AX，段名

MOV　段寄存器名，AX；段寄存器名可以是 DS、ES、SS 之一

四、实验内容与步骤

(一)实验内容

编写程序，判断一个年份是否是闰年。

(二)实验步骤

汇编语言程序设计上机过程如图 1-1 所示。

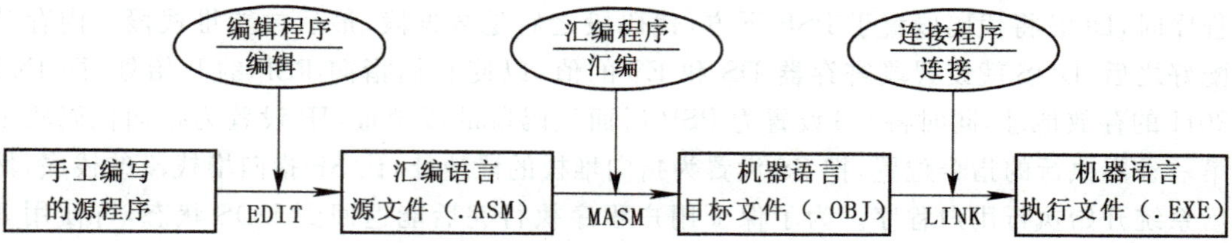

图 1-1　汇编语言程序上机过程

1. 用编辑程序 EDIT 建立汇编语言源程序文件(ASM 文件)

例如，编写程序，判断一个年份是否是闰年的汇编语言源程序，可以在 DOS 模式下用编辑程序 EDIT. EXE 建立汇编语言源程序文件 ABC. ASM，注意文件名的扩展名必须是. ASM。也可以在 Windows 2000 或者在 Windows XP 环境下鼠标单击“开始”→“运行”，在“运行”中输入“CMD”进入 DOS 模式，运行 EDIT 软件，例如：

C>EDIT　ABC. ASM

进入 EDIT 的程序编辑画面时，输入汇编语言源程序如下：

```
DATA    SEGMENT
INFON   DB      0DH,0AH,'Please input a year: $'
Y       DB      0DH,0AH,'This is a leap year! $'
N       DB      0DH,0AH,'This is not a leap year! $'
    W   DW      0
    BUF DB      8
        DB      ?
```

```
            DB        8 DUP(?)
DATA        ENDS
STACK       SEGMENT 'stack'
            DB        200 DUP(0)
STACK       ENDS
CODE        SEGMENT
            ASSUME    DS:DATA,SS:STACK,CS:CODE
START:      MOV       AX,DATA
            MOV       DS,AX
            LEA       DX,INFON
            MOV       AH,9
            INT       21H
            LEA       DX,BUF
            MOV       AH,10
            INT       21H
            MOV       CL, [BUF+1]
            LEA       DI,BUF+2
            CALL      DATACATE
            CALL      IFYEARS
            JC        A1
            LEA       DX,N
            MOV       AH,9
            INT       21H
            JMP       EXIT
A1:         LEA       DX,Y
            MOV       AH,9
            INT       21H
EXIT:       MOV       AH,4CH
            INT       21H
DATACATE    PROC      NEAR
            LEA       SI,BUF+2
            MOV       BX,0
X3:
            MOV       AL,[SI]
            SUB       AL,30H
            MOV       AH,0
```

```
            XCHG      AX,BX
            MOV       DX,10D
            MUL       DX
            XCHG      AX,BX
            ADD       BX,AX
            INC       SI
            LOOP      X3
            MOV       W,BX
            RET
DATACATE    ENDP
IFYEARS     PROC      NEAR
            PUSH      BX
            PUSH      CX
            PUSH      DX
            MOV       AX,W
            MOV       CX,AX
            MOV       DX,0
            MOV       BX,4
            DIV       BX
            CMP       DX,0
            JNZ       LAB1
            MOV       AX,CX
            MOV       BX,100
            DIV       BX
            CMP       DX,0
            JNZ       LAB2
            MOV       AX,CX
            MOV       BX,400
            DIV       BX
            CMP       DX,0
            JZ        LAB2
LAB1:       CLC
            JMP       LAB3
LAB2:       STC
LAB3:       POP       DX
            POP       CX
```

```
            POP      BX
            RET
IFYEARS     ENDP
CODE        ENDS
            END      START
```

2. 用汇编程序 MASM 将 ASM 文件汇编成目标程序文件(OBJ 文件)

当源程序建立以后，仍以 ABC. ASM 程序为例，我们用汇编程序 MASM 对 ABC. ASM 源程序文件进行汇编，以便产生机器码的目标程序文件 ABC. OBJ，其操作步骤如下：

```
    C>MASM   ABC
    Microsoft (R) Macro Assembler Version 5.00
    Copyright (C) Microsoft Corp 1981 - 1985,1987. All rights reserved.
    Object filename [ABC. OBJ]:
    Source listing [NUL. LST]:ABC
    Cross-reference [NUL. CRF]:ABC
50674 + 450574 Bytes symbol space free
0 Warning Errors
0 Severe Errors
```

由此可知，汇编程序调入后，首先显示版本号，然后出现三个提示行。

第一个提示行为：Object filename [ABC. OBJ]:

这是询问目标程序文件名，方括号内为机器规定的默认的文件名，通常直接按回车键，表示采用默认的文件名(如上所示)，这是我们汇编的主要目的。

第二个提示行为：Source listing [NUL. LST]:

这是询问是否建立列表文件。若不建立，直接回车；若要建立，可以输入文件名 ABC 再回车，表示要建立名为 ABC 的列表文件。列表文件中同时列出源程序和机器语言程序清单，并给出符号表，有利于程序调试。

第三个提示行为：Cross-reference [NUL. CRF]:

这是询问是否要建立交叉索引文件。若不建立，则直接回车；若要建立，可以输入文件名 ABC，表示要建立 ABC. CRF 文件。由于. CRF 是非文本文件，为了建立交叉索引文件，还必须调用 CREF. EXE 程序，即输入：

```
C>CREF ABC
Microsoft (R) Cross-Reference Utility Version 5.00
Copyright (C) Microsoft Corp 1981 - 1985,1987. All rights reserved.
listing [ABC. REF]:
17  Symbols
```

这时首先显示版本号，然后出现一个提示行：Listing [ABC.REF]：

这是询问交叉索引文件名。这时可用回车承认方括号内机器默认的文件名，如上所示。这样就建立了ABC.REF文件。其内容是用户定义的所有符号（包括变量），并给出每个符号定义所在的行号（附以#）以及引用的行号。如下是ABC.REF文件的内容：

```
Microsoft Cross-Reference   Version 5.00      Sat Dec 01 18:49:42 2007
Symbol Cross-Reference      (# definition, + modification)   Cref-1
A1 ........................ 42  47#
BUF ....................... 15#  35  38  39  55
CODE ...................... 28#  29  111
DATA ...................... 1#  21  29  30
DATACATE .................. 40  53#  80
EXIT ...................... 46  50#
IFYEARS ................... 41  82#  110
INFON ..................... 2#  32
LAB1 ...................... 92  103#
LAB2 ...................... 97  102  105#
LAB3 ...................... 104  106#
N ......................... 10#  43
STACK ..................... 22#  22  27  29
START ..................... 30#  112
W ......................... 14#  76+  86
X3 ........................ 60#  73
Y ......................... 6#  47
17  Symbols
```

调入汇编程序，当我们回答了上述各提示行的询问之后，汇编程序就对源程序进行汇编。若汇编过程中发现源程序有语法错误，则列出有错误的语句和错误的代码。错误分警告错误（Wraning Errors）和严重错误（Severe Errors）。警告错误是指汇编程序认为的一般性错误；严重错误是指汇编程序认为无法进行正确汇编的错误，并给出错误的个数及行号、错误的性质等。这时，就要对错误进行分析，找出问题和原因，然后再调用编辑程序加以修改，修改后重新汇编，直到汇编后无错误为止。

3. 用连接程序LINK生成可执行程序文件(EXE文件)

经汇编后产生的二进制的目标程序文件（OBJ文件）并不是可执行程序文件（EXE文件），必须经连接以后，才能成为可执行文件。连接程序并不是专为汇编语言程序设计的。如果一个程序是由若干个模块组成的，也可通过连接程序LINK把它们连接在一起。这些模块可以是汇编程序产生的目标文件，也可以是高级语言编译程序产生的目标文件。

连接过程如下：

C>LINK　ABC

Microsoft (R) Overlay Linker Version 3.60

Copyright (C) Microsoft Corp 1983—1987. All rights reserved.

Run File [ABC.EXE]:

List File [NUL.MAP]:ABC

Libraries [.LIB]:

在连接程序调入后，首先显示版本号，然后出现三个提示行。

第一个提示行为：Run File [ABC.EXE]:

这是询问要产生的可执行文件的文件名。一般直接回车采用方括号内规定的隐含文件名。

第二个提示行为：List File [NUL.MAP]:

这是询问是否要建立连接映象文件。若不建立，则直接回车；若要建立，则输入文件名再回车。如果要建立该文件，可以输入文件名 ABC。

第三个提示行为：Libraries [.LIB]:

这是询问是否用到库文件。若无特殊需要，则直接回车即可。

上述提示行回答后，连接程序开始连接。若连接过程中有错，则显示错误信息，错误分析清楚后，要重新调入编辑程序进行修改，然后重新汇编，再经过连接，直至无错为止。连接以后，便产生了可执行程序文件(EXE 文件)。

4. 程序的执行

当我们建立了可执行文件 ABC.EXE 后，就可直接在 DOS 下执行该程序：

C>ABC

根据程序提示，输入一个年份，计算机会输出是否闰年的结果。

五、实验要求与提示

(一)实验要求

(1)掌握汇编语言程序设计上机过程；

(2)回答思考问题；

(3)记录实验结果。

(二)实验提示

按照图 1-1 的上机过程进行实验。

六、思考与练习

(1)汇编过程中 MASM ABC 和 MASM ABC. ASM 的结果是否一致。

(2)连接过程中 LINK ABC 和 LINK ABC. OBJ 的结果是否一致。

(3) 使用 Word 如何录入汇编语言源程序。

实验二　Debug 的使用(基础与验证型实验)

一、实验要求和目的

熟练掌握动态调试程序 Debug 的使用;

二、软硬件环境

1. 硬件环境:微机 CPU 586 以上,128GB 以上硬盘,2GB 以上内存;

2. 软件环境:装有 MASM 5.0,Debug,LINK,EDIT,CREF. EXE 和 EXR2BIN . EXE 等应用程序。

三、实验涉及的主要知识单元

通过编辑、汇编和连接后的程序是可以执行的程序。但是,一个程序特别是比较复杂的程序不能保证没有一点错误。因此,在投入正式运行前必须进行调试,以检查程序的正确性。调试程序 Debug 就是用来调试汇编语言程序的一种工具。Debug 的主要功能有显示和修改寄存器及内存单元的内容;按指定地址启动并运行程序;设置断点使程序分段运行,以便检查程序运行过程中的中间结果或确定程序出错的位置;反汇编被调试程序,它将一个可执行文件中的指令机器码反汇编成助记符指令并同时给出指令所在的内存地址;单条追踪或多条追踪被调试程序,它可以逐条指令执行或几条指令执行被调试程序,每执行一条(或几条)指令后,Debug 程序将中断程序的运行并提供有关结果信息;汇编一段程序,在 Debug 的汇编命令下可以直接输入助记符指令,并将其汇编成可运行程序段。此外,Debug 还可以将磁盘指定区的内容或一个文件装入到内存或将内存的信息写到磁盘上等等。

启动 Debug 程序:在 DOS 状态下可以用下面的命令启动 Debug 程序:

DEBUG [路径文件名.扩展名]

Debug 后面的文件名及路径是指被调试程序的文件名及路径,Debug 后面的文件必须是程序的可执行文件,其扩展名可以是.EXE 或.COM。在此命令后,DOS 将调试程

序 Debug 调入内存，Debug 接着将被调程序送入内存。比如：DEBUG 123. EXE

调试程序 Debug 的主要命令如下：

(一)显示内存单元内容的命令 D

格式(1)：—D 地址

从指定地址开始，显示 128 个字节的内容，每一行的左边显示段内偏移地址，接着显示 16 个单元的内容，最右边区域则显示这一行的 16 个单元所对应的可显示的字符。若无可显示的字符，则用圆点(小数点)填充。

D 命令中的地址可为段内偏移量，也可为段基址和段内偏移量两部分，中间用冒号隔开，如 1680：0110，即指段基址为 1680H，段内偏移量为 0110H。Debug 中所显示的数据均为十六进制数，且省去了后面的 H 标志。

格式(2)：—D 范围

将显示指定地址范围内的内存单元的内容，起始地址可由段基址及段内偏移量两个部分组成，中间用冒号"："隔开，也可以只指出段内偏移量，而此时的段基址在 DS 中。这里所说的范围包含起始地址和结束地址。

比如　—D DS：1000 1020

将显示数据段偏移地址为 1000H 到 1020H 的内容。

(二)修改内存单元内容的命令 E

格式(1)：—E 地址 内容表

它的功能是用给定的内容表去代替所指定的内存单元的内容。

例如：

E　DS：0110　41　'CLOSE'　41

该命令执行后，将用列表中的 7 个字符填入从 DS：0110 到 DS：0116 的 7 个存储单元中。

格式(2)：E 地址

它的功能是可以连续地逐个修改内存单元的内容。当屏幕上显示指定单元的地址和内容之后，可采取下列办法：

①若指定单元的内容需要修改，则将新的内容的十六进制数输入，再按空格键，修改便告完成，然后显示下一个存储单元的地址及内容，若需要修改，可进行同样的操作。若某一个单元的内容不需要修改，而操作又要进行下去，则可直接按空格键。

②若需要显示前一个单元的地址和内容，则输入连接号"—"；若要修改，则输入新的内容；若显示前一个单元的地址和内容仍要修改，则可进行同样的操作；若显示的内容不需要修改，则可直接按"—"键，使该操作由高地址向低地址单元连续不断地进行。

③按<CR>键，结束 E 命令。

(三)检查和修改寄存器内容的命令 R

格式(1):R

此时将显示所有寄存器的内容和全部标志位的状态,以及现行 CS:IP 所指的机器指令代码和反汇编符号。

格式(2):R 寄存器名

该格式可用于检查和修改指定寄存器的内容。若不修改其内容,可按＜CR＞键;若需要修改其内容,可以输入 1～4 个十六进制数,再按＜CR＞键。

格式(3):RF

该格式可用于显示标志位和修改标志位状态。

当系统给出标志位状态后,可采取下列办法:

①若不需要修改任一标志位,可按＜CR＞键。

②若需要修改一个或多个标志位,可输入其相反的值。各标志位之间可以无空格且与顺序无关,修改后按＜CR＞键。

由于标志位状态显示时,是用下列特殊符号表示的,因而修改时,只要输入规定的符号即可。下面是标志名和状态符号的对照表:

标志名置	位符号复	位符号
溢出标志 OF(是/否)	OV	NV
方向标志 DF(减/增)	DN	UP
中断标志 IF(允许/禁止)	EI	DI
符号标志 SF(负/正)	NG	PL
零标志 ZF(是/否)	ZR	NZ
辅助进位标志 AF(是/否)	AC	NA
奇偶校验标志 PF(偶/奇)	PE	PO
进位标志 CF(是/否)	CY	NC

只有追踪标志 TF,不能用指令直接修改。

例如:输入 RF 命令,系统可能作出如下响应:

OV DN EI NG ZR AC PE CY_

若现在要修改奇偶、零、中断和溢出标志位,可在光标处输入:

PO NZ DI NV＜CR＞

(四)运行程序命令 G

格式:G [=地址][地址[地址…]]

该命令可以在程序运行中设置断点。它是 Debug 程序进行程序调试的主要命令之一。

示例:－G 001a 则执行从当前 CS:IP 至 001a 的指令,注意:地址设置必须从指令的

第一字节设起。

①第一个参数"＝地址"规定了程序执行的起始地址，以 CS 内容作段地址，等号后面的地址只需给出地址偏移量。此时，命令 G 与地址之间的等号不能省去。

如果在 G 命令执行前，已经设置了 CS 值和 IP 值，则也可以直接用 G 命令，从指定地址执行程序。

②格式中后面给出的地址是指断点地址，最多可设置 10 个断点。当程序执行到一个断点时，就停下来，显示 CPU 各寄存器的内容和标志位的状态，以及下一条待执行的指令，被调试程序的所有断点全部被取消，并返回 Debug。

③地址参数所指的单元，必须包含有效的 8088 指令的第一个字节，否则将产生不可预料的结果。

④堆栈至少应该包含 6 个可用字节，否则也将产生不可预料的结果。

⑤若断点地址只包括地址偏移量，则认为段地址在 CS 寄存器中。

(五)追踪命令 T

格式(1)：T [＝地址]

该命令可以在指令执行中进行追踪，若略去地址，则从 CS:IP 现行值执行。每一次 T 命令都执行一条指令。

格式(2)：T [＝地址][值]

此时，它可对多条指令进行追踪，即在执行了由值所指定的若干条指令之后，停止执行并显示各寄存器的内容和各标志位，还指出下一条待执行的指令。

(六)汇编命令 A

若在调试目标程序的过程中，要求改写或增添一段目标程序，则可以用 A 命令直接在 Debug 下实现。

格式：A [地址]

该命令可以从指定地址开始，将输入的汇编语言语句立即汇编成机器代码，连续存放在内存单元中。在程序输入完毕后，最后一行不输入内容，直接按回车键，即可返回 Debug 程序，还可用反汇编命令 U 对刚输入的内容进行反汇编，以验证输入的程序是否正确。

使用 A 命令应遵守以下规则：

① 所有输入数值，均为十六进制数。

② 前缀助记符，必须在相关指令的前面输入，可以在同一行，也可以在不同行输入。

③ 段超越助记符为 CS:、DS:、ES:、SS:。

④ 远调用时的返回指令助记符用 RETF。

⑤ 使用串操作指令时，助记符中必须注明是字节还是字传送。

⑥ 汇编语言能自动汇编短、近和远的转移及近和远的调用，也能由 NEAR 和 FAR

前缀来超越。

例如：

```
0110:0600 JMP 602;短转移
0110:0602 JMP NEAR 605;近转移
0110:0605 JMP FAR 60A;远转移
```

第一条 JMP 指令中含有一个字节偏移量。

第二条 JMP 指令中含有两个字节偏移量。

第三条 JMP 指令中含有两个字节的偏移量及两个字节的段地址。

⑦ 当 Debug 不能确定某些操作数涉及的是字类型存储单元还是字节类型的存储单元时，在这种情况下，必须用前缀“WORD PTR”或“BYTE PTR”来加以说明。

例如：

```
NEG BYTE PTR [128]
DEC WORD [SI]
```

⑧ 当 Debug 不能确定一个操作数是立即数还是存储单元的地址时，可以把地址放在方括号中。

⑨ 两个最常用的伪指令 DB 和 DW 可以在 A 命令中使用，用来直接把字节或字的值送入相应的存储单元。

例如：

```
DB 2,5,3,4,'THIS IS AN EXAMPLE'
DW 6000, 2000, 7000,'BA'
```

⑩Debug 支持所有形式的寄存器间接寻址命令。

例如：

```
ADD BX,74[BP+3][SI-5]
POP[BX+DI]
```

(七)反汇编命令 U

格式(1)：U 地址

该命令从指定的地址开始，反汇编 32 个字节。若略去指定地址，则以上一个 U 命令反汇编的最后一条指令地址的下一条指令地址作为起始地址；若没有用过 U 命令，则以由 Debug 初始化的段寄存器的值作段地址，以 100 作为地址偏移量。

格式(2)：U 范围这种格式的命令，可以对指定范围的内存单元进行反汇编，范围可以由起始地址、结束地址(只能包含地址偏移量)或起始地址及长度来指定。其命令格式如：

U 04BA:100 0108

或　U 04BA:0100 L7

两者是等效的。

(八)输入命令 I

格式:I 端口地址

该命令从指定端口输入一个字节并显示。

例如:I　2E8

　C　C

它表示所显示的是从 02E8 端口输入的一个字节为 CC。

(九)输出命令 O

格式:O 端口地址 字节值

其功能是向指定的端口输出一个字节。

例如:O 2E8 12

它表示将一个字节 12H 送到输出端口 2E8。

(十)命名命令 N

格式:N 文件标识符[文件标识符]

该命令用给定的两个文件标识符格式化在 CS:5C 和 CS:6C 的两个文件控制块中(若在调用 Debug 时具有一个文件标识符,则它已格式化在 CS:5C 的文件控制块中),文件控制块是将要介绍的装入命令 L 和写命令 W 所需要的。

N 命令能把文件标识符和别的参数放至 CS:81 开始的参数保存区中。在 CS:80 中保存输入的字符个数,寄存器 AX 保存前两个文件标识符中的驱动器标志。

例如:

```
A>DEBUG<CR>
N TEST<CR>
L<CR>
```

N 命令后,用 L 命令可将 TEST 调入自己的 CS:100 开始的存储区中。若对正在调试的程序 TEST 进行调试时,需要用到其它的文件标识符及其它参数,也可用 N 命令加以实现。

例如:

```
A>DEBUG TEST<CR>
N 文件 1 文件 2<CR>
```

(十一)装入命令 L

格式(1):L <地址> <驱动器号> <起始逻辑扇区> <所读扇区个数 n>

其中<地址>的缺省值为 CS:100。逻辑扇区可由物理扇区号换算得到,以双面双密度盘为例:物理扇区是按 0 面 0 道 1 区,0 面 0 道 2 区,……,0 面 0 道 9 区,0 面 1 道 1

区，……，0 面 39 道 9 区，1 面 0 道 1 区，……，1 面 39 道 9 区排列。而逻辑扇区与物理扇区号的对应关系为物理扇区 0 面 0 道 1 扇区至 9 扇区，逻辑扇区号为 0-8H；物理扇区 1 面 0 道 1 扇区至 9 扇区，逻辑扇区号为 9-11H；物理扇区 0 面 1 道 1 扇区至 9 扇区，逻辑扇区号为 12-1AH；……。这样每道先 0 面后 1 面一直排下去。

其中＜驱动器号＞为 0、1 或 2，0 表示 A 驱，1 表示 B 驱，2 表示硬盘。

功能：将＜驱动器号＞指定的盘上，从＜起始逻辑扇区＞起，共 n 个逻辑扇区上的所有字节顺序读入指定内存地址开始的一片连续单元。当 L 后的参数缺省时，必须在 L 之前由 N 命令指定(或进入 Debug 时一并指出)所读驱动器文件名。此时 L 执行后将该文件装入内存。

例如：

```
—N EXAMPLE <Enter>
—L <Enter>
```

将当前驱动器上的 EXAMPLE 文件装入 CS:100 起始的一片内存单元。

格式(2)：L 地址或 L

该命令把已在 CS:5C 中格式化的文件控制块所指定的文件装入到指定区域中。

若省略地址，则装入到 CS:100 开始的内存区域中。

若是带有扩展名. COM 或. EXE 文件，无论命令中是否指定了地址，一律装入到 CS:100 开始的内存区域中去。

通常在 BX 和 CX 中包含了所读入文件的字节数，但对具有扩展名. EXE 文件，则 BX 和 CX 中还包含实际程序长度。

(十二)写命令 W

功能：为 L/W 命令指定待装入/写盘文件

格式(1)：W ＜地址＞ ＜盘号＞ ＜起始逻辑扇区＞ ＜所写逻辑扇区数 n＞

功能：与 L 命令不同的地方是将内存从＜地址＞起始的一片单元内容写入指定扇区。只有 W 而没有参数时，与 N 命令配合使用将文件写盘。该命令把由地址所指定的内存区域中的数据写入指定的驱动器。若地址中只包含偏移量，则段地址在 CS 中。

其中，扇区号决定了写入起始扇区；区段数决定了写入的区段个数；扇区号和区段数均用十六进制数表示。

格式(2)：W 地址或 W

该命令把指定内存区域中的数据，写入到由 CS:5C 处的文件控制块所规定的文件中去。若省略地址，则内存区域从 CS:100 开始。

对于扩展名为. EXE 或. HEX 文件不能写入。因为这些文件的写入要用一种特殊格式，而此格式 Debug 程序不支持。

(十三)退出 Debug 命令 Q

格式：Q

该命令退出 Debug 程序并返回 DOS。

Q 命令并不把内存中的文件存盘，若需要存盘的话，应在退出前用 W 命令写入磁盘。

四、实验内容与步骤

（一）实验内容

（1）进入和退出 Debug 程序。

（2）学会 Debug 中的 D 命令、E 命令、R 命令、T 命令、A 命令、G 命令、U 命令、N 命令、W 命令等的使用。

（3）利用 Debug，验证乘法、除法、加法、减法、带进位加、带借位减、堆栈操作指令、串操作指令的功能。

（4）使用 Debug 调试程序调试汇编程序。

（二）实验步骤

（1）在 DOS 提示符下，进入 Debug 程序。

（2）详细记录每一步所用的命令，以及查看结果的方法和具体结果。

（3）现有一个双字加法源程序如下，其中存在错误。现假设已汇编、连结生成了可执行文件 HB.EXE，存放在 d:\MASM 目录下。请使用 Debug 对其进行调试。

```
Code  SEGMENT
       ASSUME  CS:code,DS:code
       ORG  100H;从 100H 处开始存放下列指令
Start:MOV AX,code ;将 DS 置成 code 段的首地址
      MOV  DS,AX
      MOV  SI,200H;取第一个数的首地址
      MOV  AX,[SI];将第一个数的低 16 位取到 AX
      MOV  DI,204H;取第二个数的首地址
      ADD  AX,[DI];第一个数和第二个数的低 16 应相加
      MOV  [SI+8],AX;低 16 位相加的结果送到 208H 和 209H 单元
      MOV  AX,[SI+2];取第一个数的高 16 位送到 AX 中
      ADD  AX,[DI+2];两个数的高 16 位相加
      MOV  [SI+0AH],AX;高 16 位相加的结果送到 20AH,20BH 单元
      MOV  AX,4C00H;使用 DOS 的 4CH 号功能调用
      INT  21H;进入功能调用,返回 DOS
      ORG  200H;从 200H 处开始存放下列数据
      DD  12345678h,654387A9h,0h ;被加数、加数、和 Code ENDS
END  start
```

调试过程：

① 进入 Debug 并装入可执行文件 HB. EXE

```
D:\MASM>Debug HB.EXE<Enter>
-
```

② 观察寄存器初始状态

```
-R <Enter>
AX=0000  BX=0000  CX=020C  DX=0000  SP=0000  BP=0000
SI=0000  DI=0000
DS=1892  ES=1892  SS=18A2  CS=18A2  IP=0100
NV UP EI PL NZ NA PO NC
18A2:0100  B8A218  MOV  AX,18A2
```

注：① 以上显示的寄存器值，可能和你的电脑显示的不一样。

② Debug 中默认的进制是十六进制。

③ 以单步工作方式开始运行程序

首先用 T 命令顺序执行用户程序的前两条指令，将段寄存器 DS 预置为用户的数据段。

```
-T <Enter>
AX=18A2  BX=0000  CX=020C  DX=0000  SP=0000  BP=0000
SI=0000  DI=0000
DS=1892  ES=1892  SS=18A2  CS=18A2  IP=0103
NV UP EI PL NZ NA PO NC
18A2:0103 8ED8  MOV  DS,AX
-T <Enter>
AX=18A2  BX=0000  CX=020C  DX=0000  SP=0000  BP=0000
SI=0000  DI=0000
DS=18A2  ES=1892  SS=18A2  CS=18A2  IP=0105
NV UP EI PL NZ NA PO NC
18A2:0105 BE0002  MOV  SI,0200
```

④ 观察用户程序数据段初始内容

```
-D 200 20F <Enter>
18A2:0200 78 56 34 12 A9 87 43 65-00 00 00 00 00 74 13 50 xV4...Ce.....t.P
-
```

⑤ 连续工作方式运行程序至返回 DOS 前(设断点)，查看运行结果。为此，现使用 U 命令反汇编。

```
-U 100 <Enter>
18A2:0100 B8A218      MOV     AX,18A2
18A2:0103 8ED8        MOV     DS,AX
18A2:0105 BE0002      MOV     SI,0200
18A2:0108 8B04        MOV     AX,[SI]
18A2:010A BF0402      MOV     DI,0204
18A2:010D 0305        ADD     AX,[DI]
18A2:010F 894408      MOV     [SI+08],AX
18A2:0112 8B4402      MOV     AX,[SI+02]
18A2:0115 034502      ADD     AX,[DI+02]
18A2:0118 89440A      MOV     [SI+0A],AX
18A2:011B B8004C      MOV     AX,4C00
18A2:011E CD21        INT     21
-
```

可见,要执行 10 条指令,至 011B 处停止。

```
-G=100,011B <Enter>
AX=7777  BX=0000  CX=020C  DX=0000  SP=0000  BP=0000
SI=0200  DI=0204
DS=18A2  ES=1892  SS=18A2  CS=18A2  IP=011B
NV UP EI PL NZ NA PE NC
18A2:011B B8004C  MOV  AX,4C00
-D 200 20F <Enter>
18A2:0200 78 56 34 12 A9 87 43 65-21 DE 77 77 43 43 83 06 xV4...Ce!.
wwCC..
-
```

和为 7777DE21H,正确。

⑥ 再取一组数据,查看运行结果。为此,首先用 E 命令修改数据。

```
-E 200 CD,AB,78,56,90,EF,34,12 <Enter>
-D 200 20F <Enter>
18A2:0200 CD AB 78 56 90 EF 34 12-21 DE 77 77 43 43 83 06 ..xV..
4.!.wwCC..
-G=100,11B <Enter>
AX=68AC  BX=0000  CX=020C  DX=0000  SP=0000  BP=0000
SI=0200  DI=0204
```

```
DS=18A2   ES=1892   SS=18A2   CS=18A2   IP=011B
NV UP EI PL NZ NA PE NC
18A2:011B B8004C   MOV   AX,4C00
-D 200 20F <Enter>
18A2:0200 CD AB 78 56 90 EF 34 12-5D 9B AC 68 43 43 83 06 ..xV..
4.]..hCC..
-
```

和为 68AC9B5DH,错误。说明程序有问题。

⑦ 再将断点设在完成低位字加法后,查看运行结果。

```
-G=100,112 <Enter>
AX=9B5D   BX=0000   CX=020C   DX=0000   SP=0000   BP=0000
SI=0200   DI=0204
DS=18A2   ES=1892   SS=18A2   CS=18A2   IP=0112
NV UP EI NG NZ NA PO CY
18A2:0112 8B4402   MOV   AX,[SI+02]   DS:0202=5678
-D 200 20F <Enter>
18A2:0200 CD AB 78 56 90 EF 34 12-5D 9B AC 68 43 43 83 06 ..xV..
4.]..hCC..
-
```

低位和为 9B5D,正确。说明错误可能出在后面

⑧ 使用 T 命令从刚才的断点处向后单步调试,查看运行结果。

```
-T=112 <Enter>
AX=5678   BX=0000   CX=020C   DX=0000   SP=0000   BP=0000
SI=0200   DI=0204
DS=18A2   ES=1892   SS=18A2   CS=18A2   IP=0115
NV UP EI NG NZ NA PO CY
18A2:0115 034502   ADD   AX,[DI+02] DS:0206=1234
-T <Enter>
AX=68AC   BX=0000   CX=020C   DX=0000   SP=0000   BP=0000
SI=0200   DI=0204
DS=18A2   ES=1892   SS=18A2   CS=18A2   IP=0118
NV UP EI PL NZ NA PE NC
18A2:0118 89440A   MOV   [SI+0A],AX   DS:020A=68AC
-
```

AX 寄存器的结果为 68AC,而应为 68AD。可见是本条加法指令使用错误,这里应使用带进位加法指令。

⑨ 使用 A 命令装入正确指令后再次运行，察看结果。

```
-A 115 <Enter>
18A2:0115 ADC AX,[DI+02] <Enter>
18A2:0118 <Enter>
-G=100,11B <Enter>
AX=68AD  BX=0000  CX=020C  DX=0000  SP=0000  BP=0000
SI=0200  DI=0204
DS=18A2  ES=1892  SS=18A2  CS=18A2  IP=011B
NV UP EI PL NZ NA PO NC
18A2:011B B8004C MOV AX,4C00
-D 200 20F <Enter>
18A2:0200 CD AB 78 56 90 EF 34 12-5D 9B AD 68 43 43 83 06 ..xV..
4.]..hCC..
-
```

和为 68AD9B5DH，正确。对于这样一个简单程序一般来说不会再有问题。退出后修改源程序即可。

⑩ 退出。

```
-Q <Enter>
D:\>
```

需要说明的是此程序很简单，只需使用 T 命令逐条单步调试即可。本例采用的调试方法似乎过于繁琐，但这是为了说明程序调试的一般方法，以便读者调试复杂程序时借鉴。

五、实验要求与提示

(一)实验要求

(1)熟练掌握 Debug 的命令；

(2)熟练掌握使用 Debug 调试汇编程序；

(3)回答思考问题；

(4)记录实验结果。

(二)实验提示

一般使用 Debug 调试汇编程序的步骤如下：

(1) 调用 Debug，装入用户程序；

(2) 观察寄存器初始状态；

(3) 以单步工作方式开始运行程序；

(4) 观察用户程序数据段初始内容；
(5) 继续以单步工作方式运行程序；
(6) 连续工作方式运行程序；
(7) 修改程序和数据；
(8) 运用断点调试程序；

六、思考与练习

(1)如何启动和退出 Debug 程序。
(2)整理每个 Debug 命令使用的方法，实际示例及执行结果。
(3)启动 Debug 后，要装入某一个. EXE 文件，应通过什么方法实现？
(4)用 Debug 调试程序时，如何设置断点？

实验三　Windows 环境下的汇编语言集成编程环境(基础与验证型实验)

一、实验要求和目的

1. 熟练掌握 Windows 环境下汇编语言程序设计的基本方法和技能；
2. Borland 公司出品的汇编语言调试工具 TD 的使用。

二、软硬件环境

1. 硬件环境：微机 CPU 586 以上，128GB 以上硬盘，2GB 以上内存；
2. 软件环境：Windows 98 以上和轻松汇编软件。

三、实验涉及的主要知识单元

(一)轻松汇编集成开发环境的介绍

轻松汇编是一个汇编语言的集成开发环境，主要面向汇编语言的初学者，提供了一个在 Windows 界面下的汇编语言开发环境，具有了一般的集成开发环境所提供的功能。例如：原来需要烦琐的命令行才能完成的工作，现在只需要简单的鼠标单击就可以完成，而且复杂的参数也只要进行一下设置就可以了。它会截获错误信息，并显示在错误窗口上，只要点击一下错误信息，对应的错误行就会在编辑窗口突出显示出来。

轻松汇编集成开发环境针对汇编语言的特殊性和汇编语言初学者的特殊性，提供了一些专门针对汇编语言和专门针对汇编语言初学者的功能。例如：格式整理，当您写完一行程序，换行时，轻松汇编会自动先简单的检查该行语法，如无错误则整理该行的格式，使您的汇编程序格式整齐，具有如同艺术品一样的建筑美。在集成环境里，具有交叉文件和映像文件的自动读入功能，使初学者阅读交叉文件和映像文件更方便，有利于初学者养成良好的编程习惯和加深对汇编语言、机器语言的理解。

目前主流的汇编语言编译器有 Microsoft 的 MASM 和 Borland 的 TASM，这两种编译器基本上是兼容的，有区别，但是很小，可以忽略不计，完全不影响。两者都是 DOS 平台的汇编工具，互相是兼容的，在 MASM 下写成的程序一般不加修改就可以在 TASM 下编译通过，而 TASM 下的部分程序，也可以在 MASM 下编译通过。但是 TASM 的调试工具 TD 比 MASM 的调试工具 CV 要好用的多，所以在轻松汇编中选用了 TASM。轻松汇编调用的是 TASM 5.0 作为内核编译汇编程序的，错误信息也是通过 TASM 5.0 来截获的。

MASM 对语法的要求比 TASM 的要严格一点，一是“C”在 MASM 中是保留字而在 TASM 中不是；二是定义子程序的时候，MASM 要求在 ENDP 指令前面要写上子程序的名字，而 TASM 不要求，但 TASM 不允许一些英文单词作为变量名和标号名。

(1) TASM 的格式

TASM [参数] [汇编文件名][,目标文件名][,交叉文件名][,XREF 文件名]

其中：参数是要 TASM 编译用的参数，如/la 等，具体含义见下面的解释

汇编文件名是要编译的文件名

目标文件名、交叉文件名、XREF 文件名是要生成的此类文件的文件名

例如：TASM /l/zi c:\word. asm,c:\word. obj,c:\word. lst,c:\word. xef

作用是编译在 c:\Word. asm，生成目标文件、交叉文件、XRef 文件

其中的交叉文件名和目标文件名，XREF 文件名是可以省略的。

(2)TASM 的参数

/zi　生成全部调试信息

/zd　生成部分调试信息

/la　生成详细交叉文件

/l　生成简略交叉文件

用到的主要就是上面的四个，调试信息是一些在可执行文件中的附加信息，包含在编译完成的机器指令中，CPU 执行的时候会忽略这些附加信息，但是在用 TD 调试的时候，可以通过这些附加信息，找到机器指令在原代码中对应的部分，从而实现原代码形式的调试。生成调试信息会使可执行文件变得很大，所以在发布一个应用程序的时候，最好不要生成调试信息。而且在 com 文件中，调试信息是不能附加进去的。

交叉文件是编译的结果机器指令和对应的源代码之间的对应关系列表，详细的交叉文件还有宏扩展、变量定义、子程序定义等其他信息的列表。学会阅读交叉文件对学习汇编语言很有好处，交叉文件也叫列表文件。

(3) TLink 的格式

TLink [参数] 目标文件文件名[,可执行文件名][,映像文件名]

例如:Tlink /m c:\word.obj,c:\word.com,c:\word.map

是把 c:\word.obj 编译成 c:\word.exe,并且生成映像文件 c:\word.map

其中可执行文件名和映像文件名可以省略。

(4)TLink 的参数

/v 把调试信息链接到可执行文件中

/t 用细小模式,生成 com 文件

/m 生成映像文件

主要要用到的也就是上面的三个,其中的/v 的含义是:当 TASM 用/zi 或/zd 生成了调试信息,还要在 Link 中使用这个参数,才可以最终把调试信息编译到可执行文件中,实现原代码形式的调试。

使用/t 要注意使用该参数时,只能有一个代码段,否则会报错,链接失败。

映像文件是可执行文件的一些信息,分析映像文件可以分析程序的性能。

(二)Turbo Debugger 调试工具的介绍

TD (Turbo Debugger)是美国 Borland 公司的经典产品 BC3.1 中包含了一个重要的应用程序调试工具,可以实现原代码级的调试。应用程序调试工具就是让应用程序在调试工具软件 TD 的监控下运行,从而让程序设计者能即时了解应用程序,在运行过程中的状态或结果,这些结果或状态包括 CPU 的寄存器、存储器、程序变量和 I/O 端口状态。

TD 是一个多窗口调试工具,其中的一个窗口为源代码,另外一个窗口可以随着程序运行同步显示相关的信息,用户可设定显示内容。窗口的上部为下拉菜单,每个菜单名的第一个字母为红色,为关键字,打开下拉菜单操作为 Alt+<关键字>。关闭操作则总是按<ESC>键。主界面的下部为常用的调试功能快捷键,也是以红色标注。

最常用的下拉菜单是 View,按 Alt+V 弹出 View 菜单如图 1-2 所示。

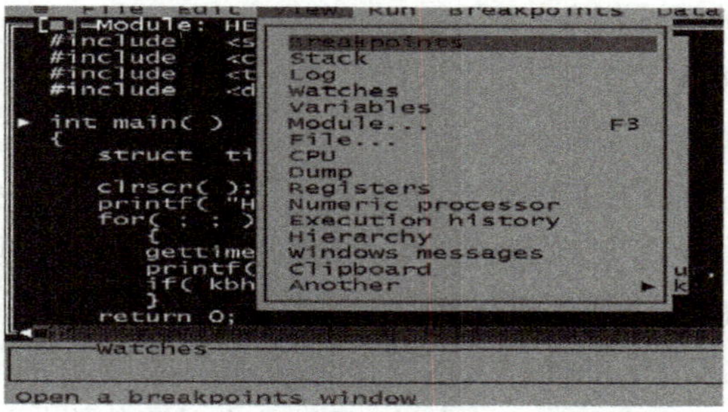

图 1-2 TD 的 View 下拉菜单

View 菜单主要用于选择各种显示窗口,以观察所需信息。菜单中每一选择行中的红色字母为快捷键。最常用的为 CPU 和 Dump 窗口,CPU 窗口用于观察对应的汇编指令,CPU 的寄存器内容,操作 I/O 端口;而 Dump 窗口主要用于查看存储器中的数据。直接按红色的快捷键字母,就可打开相应窗口,如按<C>键打开 CPU 窗口,如图 1-3 所示。

CPU 窗口由若干子窗口组成,包括汇编、CPU、Registers、CPU Flag、堆栈和 Dump 窗口。通过<Tab>键可循环激活各个子窗口。特别的在汇编窗口还可进行 I/O 端口的读写 。

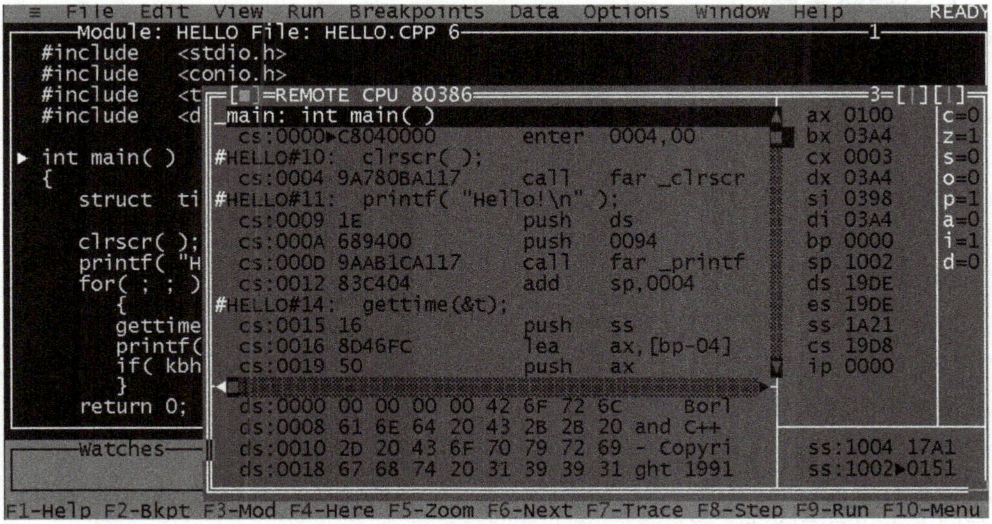

图 1-3 TD 的 CPU 窗口

对 TD 的多窗口,通常用 Alt+<数字>来直接激活所关心的窗口,如图 1-3 中 Alt+1 激活源程序窗口、Alt+2 激活 watches 窗口、Alt+3 激活 CPU 窗口。按 Alt+F3 则关闭当前激活窗口。可反复使用这些快捷键来熟悉 TD 窗口的界面操作。

假设我们调试 abc. asm,在命令行下,编译、链接生成可执行文件,然后得到了可执行文件 abc. exe。在命令行键入:td abc. exe,就进入了 td 的调试界面,或直接键入 td,这样进入 td 后要在 File 菜单中再打开 abc. exe。

然后在 view 菜单中选取 CPU 项,此时的活动窗口分成五个部分,左上面的大窗口是 abc. exe 的机器指令和汇编指令的对应,也就是代码段,有一个右箭头指向着 abc. exe 的第一条指令;左下面的窗口是数据段;右面三个小窗口分别是寄存器窗口,显示寄存器数据;状态字窗口,显示状态字的状态;堆栈段窗口,显示堆栈中的信息。

按 F9 是执行,在执行完毕,如果没有发生执行阶段的错误,如被零除等,就会有一个弹出窗口显示"Termined, exite code 0"。F7 和 F8 是单步执行,F7 可以进入到被调用函数的内部,而 F8 不能。Alt+F5 可以看到运行结果在屏幕上的输出。

如果你在编译和链接时使用了/zi 和/v 参数,那么可以在 View 菜单中选 Module 项,或按 F3,显示汇编原代码调试,用法和上面的一样。这时候的感觉就和 TC 或 TP 一样。但是如果没有用/zi 和/v,会收到报错信息"Program has no symbol table."

其他的调试工具还有 Microsoft 的 cv 和最原始的 debug,功能上和 TD 各有千秋,但是要说易用性,还是 TD 最好。

四、实验内容与步骤

(一)实验内容

编写程序,判断一个年份是否是闰年。

(二)实验步骤

(1)输入一个汇编程序源程序

程序见本章实验一。

(2)编译、运行一个汇编程序

把刚才写的那个汇编程序编译、运行一下,熟悉操作。

单击:运行一生成目标文件,轻松汇编就会自动生成目标文件,另外,根据您的设定,还会生成其他的文件。默认是生成交叉文件和映像文件,点击右上角的按钮就可以看到这两个文件。

如果有语法错误,编译会失败,错误信息会显示在下面的窗口中,点击错误信息,错误行就会突出显示出来。

单击:运行一运行,轻松汇编就会自动完成编译、链接、运行当前程序。在程序运行时是全屏方式,结束后变成窗口方式,不会退出。

单击:运行一调试,轻松汇编就会自动完成编译、链接、调试的工作,使用的是 TD 作为调试工具。

(3)练习对轻松汇编进行个人设置,让它更符合您的习惯。

在轻松汇编中根据初学者的特点,提供了很有特色的功能,如果您不喜欢的话,可以关掉它,对于运行的参数,同样也是通过设置来改变的。在设置窗体中进行如下设置:

格式设定:在这里的下拉框中有三个选项,全部大写、全部小写和不处理,选定后的结果分别是在进行格式处理时对格式化结果的处理。

自动整理格式:选定后在换行的时候会对原来行进行格式整理,如果没有选定就不整理格式。

采用调试模式:选定后在编译时包括参数/zi,在链接时包括参数/v,这样生成的可执行文件比较大,包含了用 TD 调试时所需要的信息,可以实现源代码调试;如不选定,不能实现源代码调试,在调试的时候不太方便。推荐选定该选项。

编译生成 com 文件:选定该选项后在链接时包括参数/t,如果你写的是一个 com 文件的汇编代码,那么就可以选定以生成一个 com 后缀的文件。在选定该选项后调试时不能实现源代码调试,所以最好在编写、调试的时候不选定,最后调试通过后再选定该选项生成 com 文件。如果不选定,即使是 com 文件的汇编代码也是可以编译通过,只不过生成的是一个 exe 文件。推荐不选定。

自定义参数:就是自己提供 TASM 和 TLink 的参数,如果你对 TASM 了解比较多,可以实现其他的参数功能,但是对于一般的学习者,并不需要自定义参数,以免造成程序运行时出问题。

程序格式:在这里控制格式整理的方式,您可以自己设置后看看效果。不过推荐用默认方式。

显示导航栏:选中后显示导航栏,否则不显示。

显示错误栏:选中后显示错误栏,否则不显示。推荐选中,因为不选中的话,有错误它也不会自动显示的。

(4)Turbo Debugger 调试工具的使用

轻松汇编集成开发环境下单击"运行"菜单选"调试"功能就进入 TD。

另外通过下述程序段的输入和执行来学习 TD 软件的使用,通过显示器屏幕观察程序的执行情况。

```
MOV BL,15H
MOV CL,BL
MOV AX,0ABCDH
MOV BX,AX
MOV DS:[0025H],BX
```

操作步骤如下:

① 启动 TD。

② 使 CPU 窗口为当前窗口。

③ 输入程序段。

利用↑、↓方向键移动光条来确定输入位置,然后从光条所在的地址处开始输入,建议把光条移动到 CS:0100H 处开始输入程序。

在光条处直接键入程序段指令,键入时屏幕上会弹出一个输入窗口,这个窗口就是指令的临时编辑窗口。每输入完一条指令,按 Enter 键,输入的指令即可出现在光条处,同时光条自动下移一行,以便输入下一条指令。

窗口中前面曾经输入过的指令可以重复使用,只要用方向键把光标定位到所需的指令处,按回车键即可。

④ 执行程序段

方法一:使用单步执行的方法执行程序段。

使 IP 指向程序段的开始处,方法是:把光条移动到程序段开始的第一条指令处,按 Alt+F10 键,弹出 CPU 窗口的局部菜单,选择"NEW CS:IP"项,按 Enter 键,这时 CS 和 IP 寄存器(在 CPU 窗口中用"▼"符号表示,"▼"符号指向的指令就是当前要执行的指令)就指向了当前光条所在的指令。

直接修改 IP 的内容为程序段第一条指令的偏移地址:用 F7 或者 F8 单步执行程序

段。每按一次 F7 或者 F8 键，就执行一条指令。按 F7 或者 F8 键直到程序段的所有指令都执行完为止，这时光条停在程序段最后一条指令。

F7 或者 F8 键的区别是：如果执行的指令是 CALL 指令，F7 会单步执行进入到子程序中，而 F8 则会把子程序执行完，然后停在 CALL 指令的下一条指令处。

方法二：用设置断点的方法执行程序段。

把光条移动到程序段最后一条指令的下一行，按 F2 键设置断点。

使用方法一中的方法使 IP 寄存器指向程序段的开始处。

按 F4 或者 F9 键运行程序段，CPU 从 IP 指针开始执行到断点位置停止。

⑤ 检查各寄存器和存储单元的内容。

寄存器窗口显示在 CPU 窗口的右边，寄存器窗口中直接显示了各寄存器的名字及其当前内容。在单步执行程序时可以随时观察寄存器内容的变化。

存储器窗口显示在 CPU 窗口的下部，若要检查存储器单元的内容，可连续按下 Tab 键使存储器窗口为当前窗口，然后按 Alt+F10 键，弹出局部菜单。选择 GOTO 项，然后输入要查看的存储单元的地址，如 DS:25H，存储器窗口就会从该地址处开始显示存储区域的内容。每行显示 8 个字节的内容。

五、实验要求与提示

（一）实验要求

(1)掌握 Windows 环境下汇编语言程序设计上机过程；
(2)回答思考问题；
(3)记录实验结果。

（二）实验提示

在本实验教程中后面的程序例题中，选一些程序输入到轻松汇编集成开发环境中熟悉该软件的使用。

六、思考与练习

(1) 小结 Turbo Debugger 的使用方法。
(2) 在轻松汇编窗口集成开发环境中如何显示或者关闭导航栏和错误栏？
(3) 在轻松汇编窗口集成开发环境中交叉文件和映像文件的作用是什么？

第二章　算术运算类操作实验

知识提要：

本章主要进行算术运算实验，涉及到的知识点包括：

1.加减法处理指令

主要有加法指令 ADD，带进位加法 ADC，减法指令 SUB，带进位减法指令 SBB。

2.BCD 码的调整指令

主要有压缩的 BCD 码加法调整指令 DAA，压缩的 BCD 码减法调整指令 DAS，非压缩的 BCD 码加法调整指令 AAA，非压缩的 BCD 码减法调整指令 AAS。

3.乘除法指令和符号位扩展指令

主要有无符号数乘法指令 MUL，带符号数乘法指令 IMUL，无符号数除法指令 DIV，带符号数除法指令 IDIV，以及符号位从字节扩展到字的指令 CBW 和从字扩展到双字的指令 CWD。

实验一　二进制数加、减法编程实验（设计型实验）

一、实验要求和目的

1.熟悉汇编语言二进制多字节加法基本指令的使用方法；

2.熟悉汇编语言二进制多字节减法基本指令的使用方法；

3.掌握汇编语言编程的一般结构。

二、软硬件环境

1.硬件环境：微机 CPU 586 以上，128GB 以上硬盘，2GB 以上内存；

2.软件环境：装有 MASM 5.0、DEBUG、LINK 和 EDIT 等应用程序。

三、实验涉及的主要知识单元

(一)二进制加法基本指令

(1)ADD 指令

格式:ADD DST,SRC

该指令把源操作数(SRC)指向的数据与目的操作数(DST)相加后,将结果放到目的操作数(DST)中,所执行的操作:(DST)<——(SRC)+(DST)

SRC 和 DST 不能同时为存储器操作数和段寄存器,同时 SRC 和 DST 的数据类型要匹配,要同是字节或字。受影响的标志位有:OF,SF,ZF,AF,PF,CF。

(2)ADC 指令

格式:ADC DST,SRC

所执行的操作:(DST)<——(SRC)+(DST)+CF;了解清楚进位是怎样加的。

该指令把两个操作数(SRC 和 DST)相加以后,再加上进位标志 CF,将结果放到目的操作数(DST)中。受影响的标志位有:OF,SF,ZF,AF,PF,CF。ADC 指令多用于多精度数据相加。

(二)二进制减法基本指令

(1)SUB 指令

格式:SUB DST,SRC

所执行的操作:(DST)<—— (DST)-(SRC)

该指令把源操作数(SRC)指向的数据与目的操作数(DST)相减后,将结果放到目的操作数(DST)中,SRC 和 DST 不能同时为存储器操作数和段寄存器,同时 SRC 和 DST 的数据类型要匹配,要同是字节或字。受影响的标志位有:OF,SF,ZF,AF,PF,CF。

(2)SBB 指令

格式:ADC DST,SRC

所执行的操作(DST)<—— (DST)-(SRC)-CF;了解清楚进位是怎样减的。

该指令把两个操作数(SRC 和 DST)相减以后,再减去 CF,将结果放到目的操作数(DST)中。受影响的标志位有:OF,SF,ZF,AF,PF,CF。SBB 指令多用于多精度数据相加。

(三)多精度数相加程序设计示例

将两个双字长度的数分别相加并将结果存放在 result 中。

首先进行题目分析:

(1)如何存放多精度数?

多精度数的存放有两种方式,高地址优先(如 1234H,5678H 表示 56781234H)和低地址优先(如 1234H,5678H 表示 12345678H),具体的存放方式由用户根据自己的习惯选择。在这里我们使用了高地址优先的存储方式。

(2)分析程序设计

由于汇编语言的 ADD,ADC,SUB,SBB 指令都不支持两个操作数都是存储器操作数的情况,因此将一个操作数的低字放到寄存器 AX 中,高字放到寄存器 DX 中分别完成高字部分的加法,高字部分的带进位加法。

(3)具体程序设计

```
DATA   SEGMENT
DATA1DW   5311H,8A13H;表示数据 8A135311H
DATA2DW   4783H,9526H;表示数据 95264783H
RESULTDW   2 DUP(?) ;存放多字节加法的结果
DATA   ENDS
CODE   SEGMENT
ASSUME CS:CODE,DS:DATA
START:
MOV AX,DATA
MOV DS,AX
MOV AX,DATA1
MOV DX,DATA1+2
ADD AX,DATA2 ;低字部分相加
ADC DX,DATA2+2;高字部分带进位相加
MOV RESULT1,AX;存放低字部分相加结果
MOV RESULT1+2,DX;存放高字部分相加结果
CODE ENDS
END START
```

四、实验内容与步骤

(一)实验内容

(1)编写程序,实现长度为 2 字的两个多精度数相减。

(2)编写程序,实现一个长度为 3 字的多精度数和一个长度为 2 字的多精度数相加减。

(二)实验步骤

(1)预习多精度数加减法基本知识,根据实验内容,画出流程图;

(2)利用 EDIT 或其他编辑软件,编写汇编源程序,取名为“ch2ex1. ASM”、“ch2ex2. ASM”;

(3)汇编、连接该源程序,产生“ch2ex1. EXE”、“ch2ex2. EXE”文件;

(4)对“ch2ex1. EXE”和“ch2ex2. EXE”文件进行调试运行:利用 DEBUG 的 T 命令或 G 命令和 D 命令查看数据区的加减法结果是否正确。

五、实验要求与提示

(一)实验要求

(1)画出各程序流程图;
(2)列出程序清单,加上适量注释;
(3)回答思考问题;
(4)记录实验结果。

六、思考与练习

在例子中没有考虑最高位溢出的问题,若考虑到最高位可能发生溢出,该如何修改程序。

实验二 十进制数的 BCD 加、减法编程实验(设计型实验)

一、实验要求和目的

1. 熟悉 BCD 码的基本知识;
2. 熟悉汇编语言 BCD 码多字节加减法基本指令的使用方法;
3. 掌握 BCD 码调整指令的使用方法。

二、软硬件环境

1. 硬件环境:微机 CPU 586 以上,128GB 以上硬盘,2GB 以上内存;
2. 软件环境:装有 MASM 5.0、DEBUG、LINK 和 EDIT 等应用程序。

三、实验涉及的主要单元知识

(一)BCD 码的介绍

BCD 码是一种用二进制编码的十进制数,又称二—十进制数。它是用 4 位二进制数表示一个十进制数码的,由于这 4 位二进制数的权为 8421,所以 BCD 码又称 8421 码。在 IBM PC 机中,表示十进制的 BCD 码可以用压缩的 BCD 码和非压缩的 BCD 码两种格式表示。

(1)压缩的 BCD 码

压缩的 BCD 码用 4 位二进制数表示一个十进制数位,整个十进制数形式为一个顺序的以 4 位为一组的数串。

(2)非压缩的 BCD 码

非压缩的 BCD 码则以 8 位二进制数表示一个十进制数位,8 位中的低 4 位表示 8421 的 BCD 码,而高 4 位则没有意义。

(二)BCD 码的调整指令

(1)压缩的 BCD 码调整指令

DAA 加法的十进制调整指令

该指令把 AL 中的和调整到压缩的 BCD 格式,这条指令之前必须执行 ADD 或 ADC 指令,加法指令必须把两个压缩的 BCD 码相加,并把结果存放在 AL 寄存器中。

DAS 减法的十进制调整指令

该指令把 AL 中的差调整到压缩的 BCD 格式,这条指令之前必须执行 SUB 或 SBB 指令,减法指令必须把两个 BCD 码相减,并把结果存放在 AL 寄存器中。

(2)非压缩的 BCD 码调整指令

AAA 加法的 ASCII 调整指令

执行的操作:(AL)←把 AL 中的和调整到非压缩的 BCD 格式

(AH)←(AH)+调整产生的进位值

这条指令之前必须执行 ADD 或 ADC 指令,加法指令必须把两个非压缩的 BCD 码相加,并把结果存放在 AL 寄存器中。

AAS 减法的 ASCII 调整指令

执行的操作:(AL)←把 AL 中的差调整到非压缩的 BCD 格式

(AH)←(AH)+调整产生的借位值

这条指令之前必须执行 SUB 或 SBB 指令,减法指令必须把两个非压缩的 BCD 码相减,并把结果存放在 AL 寄存器中。

(三)多精度 BCD 码相加程序示例

分别计算长度为 2 字节的压缩 BCD 码和非压缩的 BCD 码的相加。

首先分析程序:

(1)分析程序设计

这里我们仍然采用高地址优先的方式来存放多精度数,高位相加的时候采用带进位相加。只是由于 BCD 码的加法是十进制数相加,所以每次相加之后都要进行调整。压缩的BCD码加法采用指令DAA进行调整，非压缩的BCD码采用指令AAA进行调整。

(2)具体程序设计

```
DATA  SEGMENT
BCD1DB  34H,18H;压缩的BCD码表示十进制数1834
BCD2DB  89H,27H;压缩的BCD码表示十进制数2789
RESULT1DB2  DUP(?);存放压缩的BCD码相加的结果
BCD3DB  05H,02H;非压缩的BCD码表示十进制数25
BCD4DB  08H,03H;非压缩的BCD码表示十进制数38
RESULT2DB2  DUP(?);存放非压缩的BCD码相加的结果
DATA ENDS
CODE SEGMENT
ASSUME CS:CODE,DS:DATA
START:
MOV AX,DATA
MOV DS,AX
;压缩的BCD码相加计算
MOV AL,BCD1
ADD AL,BCD2
DAA
MOV RESULT1,AL
MOV AL,BCD1+1
ADC AL,BCD2+1
DAA
MOV RESULT+1,AL
;非压缩的BCD码相加计算
MOV AL,BCD1
ADD AL,BCD2
AAA
MOV RESULT2,AL
MOV AL,BCD1+1
ADC AL,BCD2+1
AAA
MOV RESULT+1,AL
CODE ENDS
END START
```

四、实验内容和步骤

(一)实验内容

(1)编写程序,实现长度为2字节的压缩与非压缩的BCD码相减。

(2)编写程序,实现一个长度分别为3字节、2字节的压缩与非压缩的BCD码相减。

(二)实验步骤

(1)预习BCD码相加减的基本知识,根据实验内容,画出流程图;

(2)利用EDIT或其他编辑软件,编写汇编源程序,取名为“ch2ex3.ASM”、“ch2ex4.ASM”;

(3)汇编、连接该源程序,产生“ch2ex3.EXE”、“ch2ex4.EXE”文件;

(4)对“ch2ex3.EXE”和“ch2ex4.EXE”文件进行调试运行:利用DEBUG的T命令或G命令和D命令查看数据区的相减结果是否正确。

五、实验要求

(1)画出各程序流程图;

(2)列出程序清单,加上适量注释;

(3)回答思考问题;

(4)记录实验结果。

六、思考与练习

在例子中没有考虑最高位溢出的问题,若考虑到最高位可能发生溢出,该如何修改程序?

实验三　二进制数乘、除法编程实验(设计型实验)

一、实验要求和目的

1.熟悉数据的补码表示;

2.熟悉无符号数和有符号数乘法和除法指令的使用;

3.掌握符号位扩展指令的使用。

二、软硬件环境

1. 硬件环境：微机 CPU 586 以上，128GB 以上硬盘，2GB 以上内存；
2. 软件环境：装有 MASM 5.0、DEBUG、LINK 和 EDIT 等应用程序。

三、实验涉及的主要单元知识

(一)数的补码表示

MUL 指令和 IMUL 指令的使用条件是由数的格式决定的。很明显(11111111b) * (11111111b)当把它看作无符号数时应为 255d×255d=65025d；而把它看作带符号数时则为(−1)×(−1)=1。因此必须根据所要相乘数的格式来决定选用哪一种指令。

乘法指令对除 CF 和 OF 以外的条件码位无定义(注意无定义和不影响的区别，无定义是指指令执行后这些条件码位的状态不稳定；而不影响则是指该指令的结果并不影响条件码，因而条件码应保持原状态不变。)

(二)乘法指令介绍

(1)MUL 无符号数乘法指令

格式：MUL SRC

执行的操作：

字节操作数：(AX)←(AL) * (SRC)　(两个 8 的数相乘得到 16 位的乘积存到 AX 中)

字操作数：(DX,AX)←(AX) * (SRC)　(两个 16 数相乘得到 32 乘积存高 16 位存放 DX 中，低 16 位存放在 AX 中)

(2)IMUL 带符号乘法指令

格式：IMUL　SRC

执行的操作：与 MUL 相同，但必须是带符号数，而 MUL 是无符号数。

(三)除法指令介绍

(1)DIV 无符号数除法指令

格式：DIV　SRC

执行的操作：

字节操作：16 位被除数在 AX 中，8 位除数位源操作数，结果的 8 位商在 AL 中，8 位余数在 AH 中。表示为：

(AL)←(AX)/(SRC)的商

(AH)←(AX)/(SRC)的余数

字操作:32 位被除数在 DX,AX 中,其中 DX 为高位字;16 位除数为源操作数,结果的 16 位商在 AX 中,16 位余数在 DX 中。表示为:

(AX)←(DX,AX)/(SRC)的商

(DX)←(DX,AX)/(SRC)的余数

商和余数均为无符号数。

(2)IDIV 带符号数除法指令

格式:IDIV SRC

执行的操作:与 DIV 相同,但操作数必须是带符号数,商和余数也均为带符号数,且余数的符号和被除数的符号相同。

除法指令 DIV 和 IDIV 虽然对标志的影响没有定义,但是却可能产生溢出。当被除数远大于除数时,所得的商就有可能超出它所能表达的范围。如果存放商的寄存器 AL/AX 不能表达,便产生溢出,8086CPU 中就产生编号为 0 的内部中断。

对 DIV 指令,除数为 0,或者在字节除时商超过 8 位,或者在字除时商超过 16 位,则发生除法溢出。对 IDIV 指令,除数为 0,或者在字节除时商不在－128～127 范围内,或者在字除时商不在－32768～32767 范围内,则发生除法溢出。

(四)符号扩展指令

(1)CBW 字节转换为字指令

格式:CBW

执行的操作:AL 的内容符号扩展到 AH。

(2)CWD 字转换为双字指令

格式:CWD

执行的操作:AX 的内容符号扩展到 DX。

(五)无符号数除法程序设计示例

被除数是一个 3 字长的无符号数,除数是一个 1 字长的无符号数,求两数相除的商和余数。

(1)分析程序

被除数是多精度数,可以采用高地址优先的方法来存放,由于是无符号数,将被除数最高字节放到 AL 后不需要符号位扩展,只要在 AH 中填 0 就可以了。最高字节所得的余数和后面的字节组合起来再除以除数,这个过程和我们手工计算除法是类似的。

(2)具体程序设计

```
DATA SEGMENT
DIVIDENDDB 53H,11H,8AH;表示数据 8A1153H
DIVISORDB47H
QUOTIENTDB3 DUP(0);存放除法结果的商
```

```
REMAINDERDB0;存放除法结果的余数
DATA ENDS

CODE SEGMENT
ASSUME CS:CODE,DS:DATA
START:
MOV AX,DATA
MOV DS,AX
MOV AL,DIVIDEND+2
MOV AH,0
DIV DIVISOR
MOV QUOTIENT+2,AL
MOV AL,DIVIDEND+1
DIV DIVISOR
MOV QUOTIENT+1,AL
MOV AL,DIVIDEND
DIV DIVISOR
MOV QUOTIENT,AL
MOV REMAINDER,AH
CODE ENDS
END START
```

四、实验内容和步骤

(一)实验的内容

(1)被除数是一个 3 字长的有符号数,除数是一个 1 字长的有符号数,求两个数相除的商和余数。

(2)求两个 2 字长的无符号数相乘的结果,并将结果保存在存储空间中。

(二)实验步骤

(1)预习二进制乘、除法基本知识,根据实验内容,画出流程图;

(2)利用 EDIT 或其他编辑软件,编写汇编源程序,取名为"ch2ex5. ASM"、"ch2ex6. ASM";

(3)汇编、连接该源程序,产生"ch2ex5. EXE"、"ch2ex6. EXE"文件;

(4)对"ch2ex5. EXE"和"ch2ex6. EXE"文件进行调试运行:利用 DEBUG 的 T 命令或 G 命令和 D 命令查看数据区的乘除法结果是否正确。

五、实验要求与提示

(一)实验要求

(1)画出各程序流程图;

(2)列出程序清单,加上适量注释;

(3)回答思考问题;

(4)记录实验结果。

(二)实验提示

(1)练习(1)的有符号除法在最高字节需要用到符号位扩展。

(2)练习(2)的乘法可仿造手工的乘法过程,可用存储器变量保存中间相乘的结果,并注意在高字节相加时要采用带进位相加。

六、思考与练习

若练习(2)中是有符号数相乘,又该如何编写程序?

第三章 逻辑运算、移位操作及数码转换编程实验

知识提要：

本章主要进行逻辑运算、移位操作及数码转换编程实验，涉及到的知识点包括：

1.逻辑运算指令

逻辑运算指令有：逻辑非指令 NOT，逻辑与指令 AND，逻辑或指令 OR，逻辑异或指令 XOR，逻辑测试指令 TEST。

2.移位操作指令

移位操作指令主要有：算术左移指令 SAL 和算术右移指令 SAR，逻辑左移指令 SHL 和逻辑右移指令 SHR，循环移位指令。其中，循环移位指令有四条：不带进位的循环左移指令 ROL，不带进位的循环右移指令 ROR，带进位的循环左移指令 RCL，带进位的循环右移指令 RCR。

3.ASCII 码、二进制数和 BCD 码

ASCII 是 American Standard Code for Information Interchange（美国标准信息交换码）的缩写，用来制订计算机中每个符号对应的代码，这也叫做计算机的内码（code）。

BCD 码，Binary-Coded Decimal，简称 BCD，称 BCD 码或二一十进制代码，亦称二进制码十进数。

实验一 逻辑运算编程实验（验证型实验）

一、实验要求和目的

1.了解汇编语言的逻辑运算指令；

2.熟悉汇编语言中逻辑运算指令的使用方法；

3.掌握利用汇编语言逻辑运算指令实现程序设计的方法。

二、软硬件环境

1. 硬件环境：微机 CPU 586 以上，128GB 以上硬盘，2GB 以上内存；

2. 软件环境：装有 MASM 5.0、DEBUG、LINK 和 EDIT 等应用程序。

三、实验涉及的主要知识单元

(一)逻辑非指令 NOT

格式：NOT OPD

操作形式：OPD←。

描述：

指令的功能是把操作数中的每位变反，即：1←0，0←1。将目的地址中的内容逐位取反后送入目的地址。操作数不能用立即数，指令执行后对标志位无影响，也可用于求补。

举例：

MOVAX，1234H；(AX)＝1234H

NOTAX；(AX)＝EDCBH

(二)逻辑与指令 AND

格式：AND 目的操作数，源操作数

操作形式：DOPD ← DOPD∧SOPD。

描述：

(1)逻辑与运算法则为 1∧1＝1，1∧0＝0，0∧1＝0，0∧0＝0。

(2)指令的功能是把源操作数中的每位二进制与目的操作数中的相应二进制进行逻辑乘运算操作，操作结果存入目的操作数中。

(3)受影响的标志位：CF、OF 为 0，PF、SF 和 ZF 根据运算定，AF 无定义。

(4)利用 AND 指令与 0 或 1 相与，可对操作数的某些位进行屏蔽和保留操作。

举例：

将 AL 中第 0 位和第 7 位清零。

MOVAL，0FFH

ANDAL，7EH

(三)逻辑或指令 OR

格式：OR 目的操作数，源操作数

操作形式：DOPD ← DOPD∨SOPD

描述：

(1)逻辑或运算法则:$1 \vee 1=1$,$1 \vee 0=1$,$0 \vee 1=1$,$0 \vee 0=0$。

(2)指令的功能是把源操作数中的每位二进制与目的操作数中的相应二进制进行逻辑加运算操作,操作结果存入目的操作数中。

(3)受影响的标志位:CF、OF 为 0,PF、SF 和 ZF 根据运算定,AF 无定义。

(4)利用 OR 指令与 1 或 0 相或,可对操作数置 1 操作,和保留原位不变。

举例:

将 AL 中第 0 位和第 7 位置 1。

```
MOV AL,0
OR AL,81H
```

(四)逻辑异或指令 XOR

格式:XOR 目的操作数,源操作数

操作形式:DOPD ← DOPDSOPD

描述:

(1)逻辑异或运算法则:11=0,10=1,01=1,00=0。

(2)指令的功能是把源操作数中的每位二进制与目的操作数中的相应二进制进行逻辑"异或"操作,操作结果存入目的操作数中。

(3)受影响的标志位:CF、OF 为 0,PF、SF 和 ZF 根据运算定,AF 无定义。

(4)利用该指令与 1 和 0 相异或,分别可以操作数对应位变反和保持不变。

(5)对操作数自身异或运算可对寄存器和 CF、OF 置 0。

举例:

(1)将 AL 中的 0、7 位变反

```
XOR AL,81H
```

(2)将 AX 清零

```
XOR AX,AX
```

(五)逻辑测试指令 TEST

格式:TEST 目的操作数,源操作数

操作形式:$DOPD \wedge SOPD$。

描述:

(1)该指令与指令 AND 的区别在于,两操作数相与后不保存结果。

(2)指令的功能是把源操作数的每位二进制与目的操作数中的相应二进制进行逻辑"与"操作,根据所得结果设置有关标志位,为随后的条件转移指令提供条件,由于不保存差值,所以不会改变指令中的操作数。

(3)受影响的标志位:CF、OF 为 0,PF、SF 和 ZF 根据运算定,AF 无定义。

举例:

①TEST AX,100B;B 表示二进制

JNZ AA ;如果 AX 右数第三位为 1,JNZ 将跳转到 AA 处。

②测试寄存器是否为空

TEST AX,AX

JZ AA

如果 AX 为零,则 ZF 标志为 1,JZ 将跳转到 AA 处。

四、实验内容与步骤

(一)实验内容

(1)用 A 命令编写程序片段,实现逻辑非,逻辑与,逻辑或,逻辑异或,逻辑测试运算;

(2)得到实际的结果,用 T 或 P 命令查看结果正确性;

(3)实验例子,逻辑非:NOT 14H

逻辑与:32H AND 0FH

逻辑或:32H OR 0FH

逻辑异或:32H XOR 0FH

(4)进行逻辑测试运算中,注意状态和标志位的变化,并记录。

(二)实验步骤

(1)预习逻辑运算中的基本指令知识,根据实验内容,整理思路;

(2)利用在 DEBUG 调试中的 A 命令输入对应程序片段;

(3)对写好的程序片段,利用 DEBUG 的 T 命令、P 命令或 G 命令查看数据区,核对实验结果。

五、实验要求与提示

(一)实验要求

(1)写出实现每个逻辑运算的例子答案;

(2)记录具体实现逻辑运算例子的实验步骤;

(3)回答思考问题;

(4)记录实验结果。

(二)实验提示

(1) 进入 DEBUG 调试环境,用 A 命令输入程序片段如图 3-1 所示。

```
-a
1385:0100 mov ax,1234
1385:0103 not ax
1385:0105
-
```

图 3-1　逻辑非运算验证

(2)图 3-1 实现的是逻辑非的运算验证。然后,用命令 P 或 T 命令查看寄存器 AX 内容的变化,如图 3-2 所示。

```
-p=0100 2

AX=1234  BX=0000  CX=0000  DX=0000  SP=FFEE  BP=0000  SI=0000  DI=0000
DS=1385  ES=1385  SS=1385  CS=1385  IP=0103   NV UP EI PL NZ AC PO CY
1385:0103 F7D0          NOT     AX

AX=EDCB  BX=0000  CX=0000  DX=0000  SP=FFEE  BP=0000  SI=0000  DI=0000
DS=1385  ES=1385  SS=1385  CS=1385  IP=0105   NV UP EI PL NZ AC PO CY
1385:0105 0000          ADD     [BX+SI],AL                         DS:0000=02
-t=0100 2

AX=1234  BX=0000  CX=0000  DX=0000  SP=FFEE  BP=0000  SI=0000  DI=0000
DS=1385  ES=1385  SS=1385  CS=1385  IP=0103   NV UP EI PL NZ AC PO CY
1385:0103 F7D0          NOT     AX

AX=EDCB  BX=0000  CX=0000  DX=0000  SP=FFEE  BP=0000  SI=0000  DI=0000
DS=1385  ES=1385  SS=1385  CS=1385  IP=0105   NV UP EI PL NZ AC PO CY
1385:0105 0000          ADD     [BX+SI],AL                         DS:0000=02
-
```

图 3-2　寄存器 AX 内容变化

(3)注意 P 命令或 T 命令的输入格式,(P=地址数);其中“数”是指执行几条指令,如果不指定就只执行一条。

六、思考与练习

1. 对寄存器清 0,有几种方式?怎样用逻辑运算命令来实现?
2. 逻辑测试命令前后,状态和标志有什么变化?为什么?
3. 检测一操作数与另一确定的操作数是否相等,用逻辑指令如何实现?

实验二　移位操作编程实验(设计型实验)

一、实验要求和目的

1. 了解汇编语言移位操作指令;
2. 熟悉汇编语言逻辑移位指令的使用方法;
3. 掌握利用汇编语言逻辑移位运算指令实现程序设计的方法。

二、软硬件环境

1. 硬件环境：微机 CPU 586 以上，128GB 以上硬盘，2GB 以上内存；

2. 软件环境：装有 MASM 5.0、DEBUG、LINK 和 EDIT 等应用程序。

三、实验涉及的主要知识单元

移位指令主要包括算术移位、逻辑移位、循环移位，以下分三类介绍。其中统一的语句格式为：

操作符 OPD,1

操作符 OPD,CL

功能为将目的操作数的所有位按操作符规定的方式移动 1 位或按寄存器 CL 规定的次数(0～255)移动，结果送入目的地址。

(一)算术移位

(1)算术左移指令 SAL

格式：SAL OPD 1 或 CL

描述：

将(OPD)向左移动 CL 指定的次数，最低位补入相应的 0，CF 的内容为最后移入位的值。如图 3-3 所示，受影响的标志位：CF、OF、PF、SF 和 ZF(AF 无定义)。

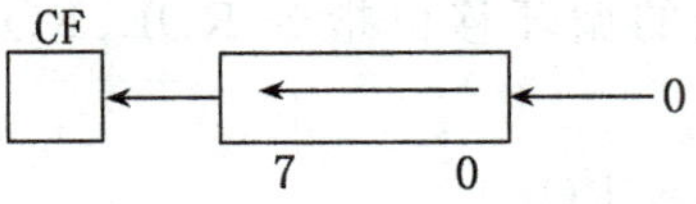

图 3-3　SAL

(2) 算术右移指令 SAR

格式：SAR OPD 1 或 CL

描述：

将(OPD)向右移动 CL 指定的次数且最高位保持不变；CF 的内容为最后移入位的值。如图 3-4 所示，受影响的标志位：CF、OF、PF、SF 和 ZF(AF 无定义)。

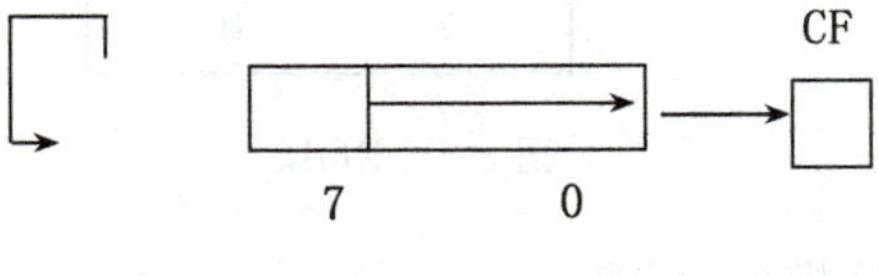

图 3-4　SAR

(二)逻辑移位

(1)逻辑左移

格式:SHL OPD 1 或 CL

描述:

把目的操作数的低位向高位移 CL 规定的次数,空出的低位补 0,CF 的内容为最后移入位的值。与算术左移相同,如图 3-3 所示,受影响的标志位:CF、OF、PF、SF 和 ZF(AF 无定义)。

(2)逻辑右移

格式:SHR OPD 1 或 CL

描述:

把目的操作数的高位向低位移 CL 规定的次数,空出的高位补 0,CF 的内容为最后移入位的值。如图 3-5 所示,受影响的标志位:CF、OF、PF、SF 和 ZF(AF 无定义)。

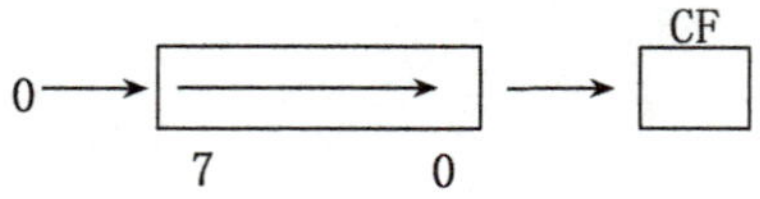

图 3-5 SHR

(三)循环移位

循环移位包括不带进位的循环移位指令 ROL、ROR 和带进位的循环移位指令 RCL、RCR。

(1)不带进位循环左移指令 ROL

格式:ROL OPD 1 或 CL

描述:

把目的操作数的低位向高位移 CL 规定的次数,移出的位不仅要进入 CF,而且还要填补空出的位,CF 的内容为最后移入位的值。如图 3-6 所示,受影响的标志位:CF、OF。

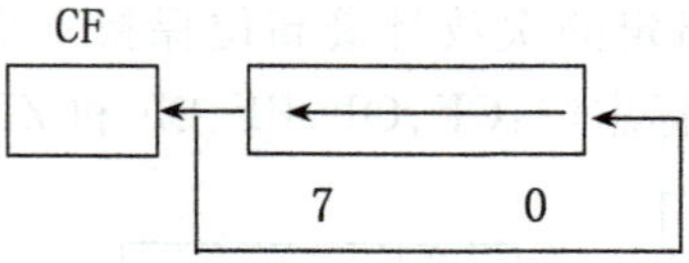

图 3-6 ROL

(2)不带进位循环右移指令 ROR

格式:ROR OPD 1 或 CL

描述:

把目的操作数的高位向低位移 CL 规定的次数,移出的位不仅要进入 CF,而且还要填补空出的位,CF 的内容为最后移入位的值。如图 3-7 所示,受影响的标志位:CF、OF。

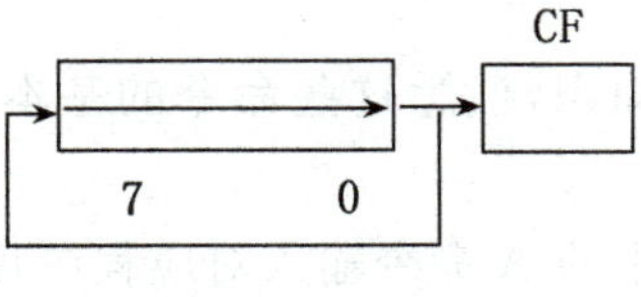

图 3-7 ROR

(3)带进位循环左移指令 RCL

格式:RCL OPD 1 或 CL

描述:

把目的操作数的低位向高位移 CL 规定的次数,用原 CF 的值填补空出的位,移出的位进入 CF。如图 3-8 所示,受影响的标志位:CF、OF。

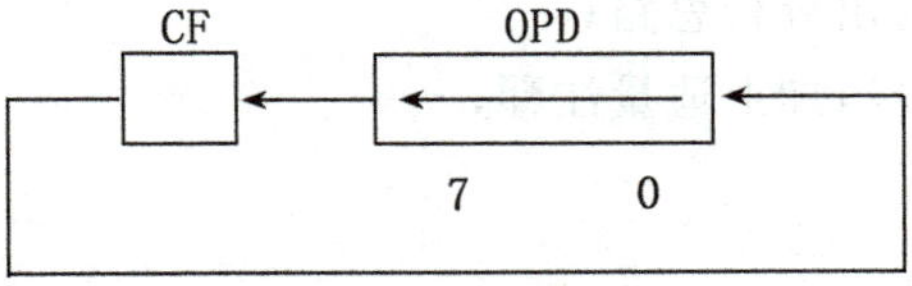

图 3-8 RCL

(4)带进位循环右移指令 RCR

格式:RCR OPD 1 或 CL

描述:

把目的操作数的高位向低位移 CL 规定的次数,移出的位不仅要进入 CF,而且还要填补空出的位,如图 3-9 所示,受影响的标志位:CF、OF。

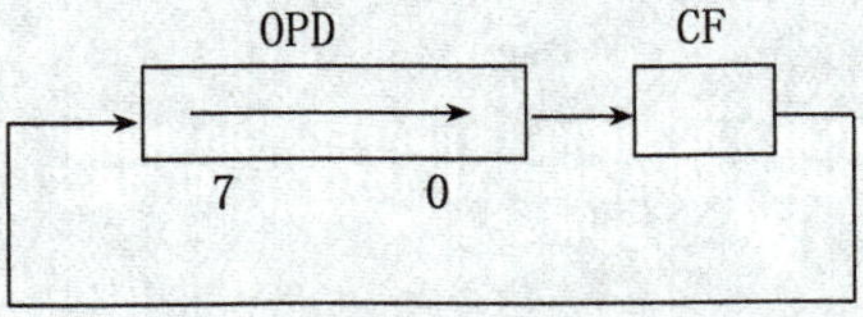

图 3-9 RCR

四、实验内容与步骤

(一)实验内容

(1)用 A 命令写程序片段,在寄存器 AX 中存入一个数,要求对其用移位命令进行乘 8,除 4 的操作。

(2)编写程序片段,实现如下的计算 A=10 * B,要求用到移位命令,不用乘法计算。

(3)编写指令序列把由 DX 和 AX 组成的 32 位二进制数进行算术左移。

(二)实验步骤

(1)预习移位命令的基本知识,熟悉这些命令的基本操作,根据实验内容,整理编程思路;

(2)利用在 DEBUG 调试中的 A 命令输入对应程序片段;

(3)对写好的程序片段,利用 DEBUG 的 T 命令、P 命令或 G 命令查看数据区,核对实验结果。

五、实验要求与提示

(一)实验要求

(1)根据实验内容,写出分析思路;

(2)对写出的程序片段,加上适量注释;

(3)回答思考问题;

(4)记录实验结果。

(二)实验提示

(1)移位运算中,左移一位相当于乘 2 操作,右移一位相当于除 2 操作。

对寄存器 AX 赋值为 4,然后先执行左移 1 位操作,再执行右移 1 位操作,用 P 命令观察寄存器 AX 的变化,如图 3-10 所示。

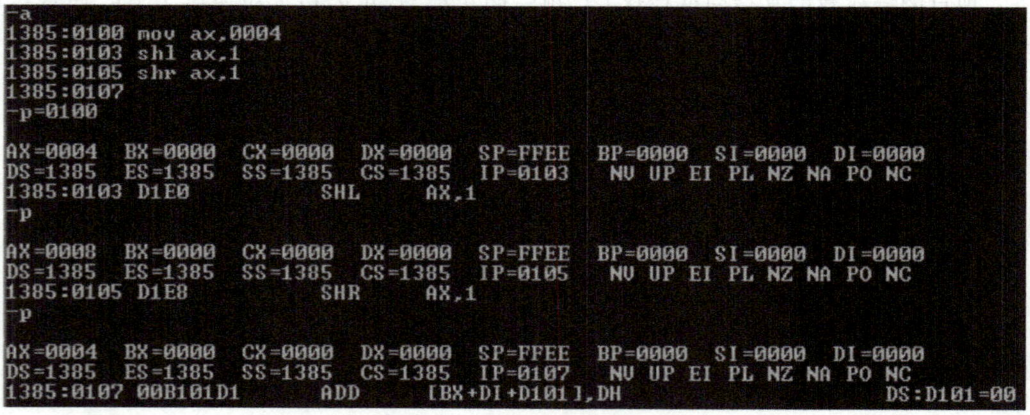

图 3-10 移位运算

(2)算术移位适合于有符号数的运算,逻辑移位适用于无符号数的运算。

(3)32 位的移位注意 CF 的变化。

六、思考与练习

1. 执行以下命令，观察 AX 是否有变化：

(1)SAL AX，1
   SAR AX，1

(2)SAR AX，1
   SAL AX，1

2. 移位指令如何影响标志位 CF、OF?

实验三　ASCII 码表示的十进制数、二进制数和 BCD 的互换编程实验(设计型实验)

一、实验要求和目的

1. 了解汇编语言中的十进制、二进制、BCD 码的表示形式；
2. 了解 BCD 值和 ASCII 值的区别；
3. 了解如何查表进行数值转换及快速计算；
4. 掌握利用汇编语言进行进制转换的方法。

二、软硬件环境

1. 硬件环境：微机 CPU 586 以上，128GB 以上硬盘，2GB 以上内存；
2. 软件环境：装有 MASM 5.0、DEBUG、LINK 和 EDIT 等应用程序。

三、实验涉及的主要知识单元

通常在计算机当中，从键盘输入的十进制数的每一位数码，是以它的 ASCII 码表示的；要向 CRT 输出的十进制数的每一位数也是用 ASCII 码表示的。而在机器中的一个十进制数，或者是以相应的二进制数存放；或者是以 BCD 码的形式存放。

(一)二进制

二进制是计算机技术中广泛采用的一种数制。二进制数是用 0 和 1 两个数码来表示的数。它的基数为 2，进位规则是“逢二进一”，借位规则是“借一当二”。

(二)ASCII码

ASCII码是用7位二进制编码,它可以表示27即128个字符。每个ASCII码以1个字节(Byte)储存,从0到数字127代表不同的常用符号,例如大写A的ASCII码是65,小写a则是97,数字0是48。在对应的ASCII码表中可以查到。早期的ASCII码采用7位二进制代码对字符进行编码。它包括32个通用控制字符,10个阿拉伯数字,52个英文大、小字母,34个专用符号共128个。7位ASCII代码在最高位添加一个“0”组成8位代码,正好占一个字节,在存储和传输信息中,最高位常作为奇偶校验位使用。扩展ASCII码,即第八位不再视为校验位而是当作编码位使用。扩展ASCII码有256个。

(三)BCD码

BCD码,是一种二进制的数字编码形式,用二进制编码的十进制代码。BCD码就是用4位二进制数表示1位十进制整数。表示的方法有多种,常用的是8421BCD码。例如:十进制0用BCD码表示为:0000,十进制9用BCD码表示为:1001。在计算机中,同一个数可以用两种BCD格式来表示:压缩的BCD码,非压缩的BCD码。

(1)压缩的BCD码

压缩的BCD码用4位二进制数表示一个十进制数位,整个十进制数用一串BCD码来表示。例如,十进制数43表示成非压缩的BCD码为0100 0011,十进制数1998表示成压缩的BCD码为0001 1001 1001 1000。

(2)非压缩的BCD码:

非压缩的BCD码用8位二进制数表示一个十进制数位,其中低4位是BCD码,高4位是0。例如,十进制数83表示成非压缩的BCD码为0000 1000 0000 0011。

四、实验内容与步骤

(一)实验内容

(1)将一个用ASCII码表示的多位十进制转换为二进制,要求十进制不大于65535,且输入数码为无符号数。

(2)将用ASCII码表示的数字串,转化为压缩的BCD码。

(二)实验步骤

(1)预习ASCII码、BCD码的基本知识,以及进制转换的相关操作,根据实验内容,写出程序思路;

(2)编写汇编源程序,取名为“ch33-1. ASM”、“ch33-2. ASM”;

(3)汇编、连接该源程序,产生“ch33-1. EXE”、“ch33-2. EXE”文件;

(4)对两个文件进行调试运行:利用DEBUG的T命令或P命令或G命令和D命令查看数据区,观看运行结果。

五、实验要求与提示

(一)实验要求

(1)画出各程序流程图;

(2)列出程序清单,加上适量注释;

(3)回答思考问题;

(4)记录实验结果。

(二)实验提示

(1)十进制数字串转二进制从最高位开始,重复进行“高位 * 10＋低位”的操作,用公式表示为$\sum D_i \times 10_i = ((\cdots(D_n \times 10 + D_n - 1) \times 10) + D_n - 2) \times 10 + \cdots + D_1) \times 10 + D0$.

(2)将 ASCII 码转换为压缩 BCD 码,将 ASCII 码的高 4 位置 0,再将十位 ASCII 码的低 4 位左移至高 4 位,再与个位 ASCII 码相或。采用约定寄存器法传递参数。

六、思考与练习

1. ASCII 码与 BCD 码的区别是什么?

2. 二进制转换为十进制又该如何考虑?

第四章　程序设计的基本结构实验

实验一　循环程序设计(设计型实验)

知识提要:

本节主要对循环结构的组成及其设计方法加以介绍,其知识要点有:

1. 循环程序的基本结构通常由3部分组成

(1)初始化部分

建立循环初始值,为循环做准备,如设置地址指针(BX/SI/DI/BP),初始化循环控制变量或计数器(CX),数据寄存器(AX/DX)初值等。

(2)循环体

循环体是循环程序的主体,是程序中重复执行的程序段.它是由循环工作部分、修改部分和循环控制部分组成的。

①循环工作部分:完成程序功能的主要程序段,用于执行程序的实际任务;

②修改部分:对循环参数进行修改,并为下一次循环做准备;

③循环控制部分:判断循环结束条件是否满足。通常判断循环结束方法:

用计数控制循环:循环是否进行了预定的次数。

用条件控制循环:循环终止条件是否满足。

(3)结束处理部分

主要是对循环的结果进行处理。也可没有此部分。

2. 循环控制指令：

表 4-1 循环控制指令

指令格式	执行操作	循环结束条件
LOOP 标号	CX=CX-1；若 CX≠0，则循环	CX=0
LOOPNZ/LOOPNE 标号	CX=CX-1；若 CX≠0 且 ZF=0，则循环	CX=0 或 ZF≠0
LOOPZ/LOOPE 标号	CX=CX-1；若 CX≠0 且 ZF=1，则循环	CX=0 或 ZF≠1
JCXZ 标号	仅测试(CX)=0，若是，则转移到目标地址，否则就顺序执行	

3. 循环控制可以分为：

计数循环和条件循环。作为计数循环，一般是指循环次数是已知的情况，在程序设计的循环时，应先将循环次数送入计数器 CX 中进行计数，在循环体中使用 LOOP 等循环指令。当然，也可以通过其他方式来进行，如 cx←cx-1，jnz 等结合实现。

一、实验要求和目的

1. 了解汇编语言循环程序设计的基本流程；
2. 熟悉汇编语言循环基本指令的使用方法；
3. 掌握利用汇编语言的循环指令完成循环程序设计方法。

二、软硬件环境

1. 硬件环境：微机 CPU 586 以上，128GB 以上硬盘，2GB 以上内存；
2. 软件环境：装有 MASM 5.0、DEBUG、LINK 和 EDIT 等应用程序。

三、实验涉及的主要知识单元

熟练使用循环指令和跳转等指令来实现循环，理解循环体结构中的初始化部分、循环体、结束部分。能结合前面分支结构相关的知识点，完成对循环结构的理解和掌握。

同时对循环结构中地址指针的设置(BX/SI/DI/BP)，初始化循环控制变量或计数器(CX)和数据寄存器(AX/DX)初值的设置方法等。

循环程序设计示例：

设 VARY 中有一组 8 位的符号数，编程统计其中正数、负数、零的个数，分别存在 VM、VN、VK 变量中。

分析：设定此数组的元素匀为字节数据，则数组 VARY 中的数据个数用 CNT EQU $-VARY 求出，则循环次数为 CNT 次。在程序中，要将 CNT 的值送入 CX 中。将数组 VARY 中元素挨个与 0 比较，利用状态标志寄存器中的 ZF 位求出零的个数，利用 SF 位求出正、负数的个数。

具体程序设计：

```
stack segment para 'stack'
dw 20H dup(0)
stack ends
data segment
vary db 23h,78h,56h,0abh,00h,0cdh,59h,14h,98h,0efh,00h,0c0h
cnt equ $ -vary
vm db ?
vn db ?
vk db ?
data ends
code segment
assume cs:code,ds:data,ss:stack
start: mov ax,data
mov ds,ax
mov bx,0
mov dl,0
lea si,vary
mov cx,cnt
lop1:cmp byte ptr[si],0
je zero
js lop2
inc bh
jmp next
lop2:inc bl
jmp next
zero:inc dl
next:inc si
loop lop1
mov vm,bh
mov vn,bl
mov vk,dl
mov ah,4ch
int 21h
code ends
end start
```

四、实验内容与步骤

(一)实验内容

(1)编写程序,将带有符号的字节数组 ARRAY 中最大数找出来,送到 MAX 单元中(用计数控制循环程序);

(2)编写程序,在字符串变量 STRING 中存有一个以 $ 为结尾的 ASCII 码字符串,要求计算字符串的长度,并把它存入 LENGTH 单元中(条件控制循环)。

(二)实验步骤

(1)预习循环程序设计的方法,根据实验内容,画出流程图;

(2)利用 EDIT 或其他编辑软件,编写汇编源程序,取名为"ch4ex1. ASM"和"ch4ex2. ASM";

(3)汇编、连接该源程序,产生"ch4ex1. EXE"和"ch4ex2. EXE"文件;

(4)对"ch4ex1. EXE"和"ch4ex2. EXE"文件进行调试运行:利用 DEBUG 的 T 命令或 G 命令和 D 命令查看数据区,看结果是否正确。

五、实验要求与提示

(一)实验要求

(1)画出各程序流程图;

(2)列出程序清单,加上适量注释;

(3)回答思考问题;

(4)记录实验结果。

(二)实验提示

(1)计算字符串长度中字符串应以 $ 结尾;

(2)要用计数控制,则应知道循环次数,用 CNT EQU \$ －ARRAY 来进行;若数据类型是字,则循环次数还应除以 2。

六、思考与练习

1. 在上述第一题的基础上,要求修改程序,增加在此数组中找出最大值放入 MAX 中的同时,找出最小值放入 MIN 中。

2. $ 符号在字符串里的作用是什么?

实验二 分支程序设计(设计型实验)

知识提要:

本节主要对分支程序加以介绍,其知识要点:

1. 无条件转移指令 JMP

无条件转移指令 JMP 是使程序无条件转移至目标处,又分为段内转移、段间转移。

2. 条件转移指令 JXX

条件转移指令可分为三大类:

(1)简单条件转移指令。根据单个标志位的状态判断转移条件。

表 4-2 简单条件转移令

标志位	指令	转移条件	意义
CF	JC	CF=1	有进位/借位
	JNC	CF=0	无进位/借位
ZF	JE/JZ	ZF=1	相等/等于 0
	JNE/JNZ	ZF=0	不相等/不等于 0
SF	JS	SF=1	是负数
	JNS	SF=0	是正数
OF	JO	OF=1	有溢出
	JNO	OF=0	无溢出
PF	JP/JPE	PF=1	有偶数个 1
	JNP/JPO	PF=0	有奇数个 1

(2)无符号数条件转移指令。

假设在条件转移指令前使用比较指令,比较两个无符号数 A、B,指令进行的操作是 A-B,其转移指令如下:

表 4-3 无符号数条件转移指令

指令	转移条件	意义
JA/JNBE	CF=0 AND ZF=0	A>B
JAE/JNB	CF=0 OR ZF=1	A>=B
JB/JNAE	CF=1 AND ZF=0	A<B
JBE/JNA	CF=1 OR ZF=1	A<=B

(3)带符号数条件转移指令。

表 4-4　带符号数条件转移指令

指令	转移条件	意义
JG/JNLE	SF=OF AND ZF=0	A>B
JGE/JNL	SF=OF OR ZF=1	A>=B
JL/JNGE	SF OF AND ZF=0	A<B
JLE/JNG	SF OF OR ZF=1	A<=B

一、实验要求和目的

1.熟悉汇编语言程序设计结构；

2.熟悉汇编语言分支程序基本指令的使用方法；

3.掌握利用汇编语言实现单分支、双分支、多分支的程序设计方法。

二、软硬件环境

1.硬件环境：微机 CPU 586 以上，128GB 以上硬盘，2GB 以上内存；

2.软件环境：装有 MASM 5.0、DEBUG、LINK 和 EDIT 等应用程序。

三、实验涉及的主要知识单元

在实际应用中，经常根据一些条件来选择一条分支执行。汇编语言的条件判断主要是通过状态寄存器中的状态位、无符号数相减或有符号数相减而导致的结果来进行。下面就由符号数转移指令来了解在汇编语言程序设计的方法。

如：判断方程 $AX^2+BX+C=0$ 是否有实根。若有实根，则将字节变量 TAG 置 1，否则置 0。假设 A、B、C 均为字节变量，数据范围为 −128～127。

分析：二元一次方程有根的条件是 $B^2-4*A*C>=0$。依据题意，先计算出 B^2 和 $4*A*C$，然后比较两者大小，根据比较结果给 TAG 赋不同的值。

```
Data segment
A db 7
B db 8
C db 6
Tag db ?
Data ends
Code segment
Assume ds:data,cs:ccode
Start:
Mov ax,data
Mov ds,ax
```

```
Mov al,b
Imul al;乘法指令,求出 B2 的值并放入 AX 中
Mov bx,ax
Mov al,a
Imul c
Mov cx,4
Imul cx
Cmp bx,ax
Jge yes
Mov tag ,0
Jmp done
Yes: mov tag,1
Done: mov ah,4ch
Int 21h
Code Endst
End start
```

四、实验内容与步骤

(一)实验内容

(1) 以 ARRAY 为首地址的内存单元中,存放若干个 8 位的带符号数,统计数组中大于等于 0 的数的个数,并将结果存入 RESULT 字节单元中。

(二)实验步骤

(1) 预习带符号数条件转移指令。

(2) 熟练使用 EDIT、MASM、LINK、DEBUG 软件的使用。

(3) 如果该程序没有使用 DOS 功能调用来显示结果,请使用 DEBUG 软件查询运行结果。

五、实验内容与步骤

(一)实验内容

(1) 根据实验内容要求,画出程序流程图并编写好实验源程序。

(2)记录实验结果。

(3)使用 DOS 功能调用在屏幕上来显示运算结果。

(二)实验提示

(1)显示字符串可以使用 DOS 功能调用的 9 号功能,但要提前定义需要显示的字符串并以'$'符号结束。

(2)在屏幕上来显示运算结果(一个阿拉伯数字)可以使用 DOS 功能调用的 2 号功能,把输出字符的 ASCII 码送给 DL。

六、思考与练习

1. 使用分支程序是否可以实现循环结构程序设计?
2. 分析实验中所遇到的一一些问题,分析错误原因。
3. 说明本实验中如何使用 DEBUG 进行调试并如何看实验结果。

实验三 子程序设计(设计型实验)

知识提要:

1. 掌握子程序的定义语句;

过程名 PROC [near/far]

过程体

RET

过程名 ENDP

其中过程名的命名方法与变量名相同,同一源程序中不能有相同的过程名。. PROC 为过程定义开始的伪指令,ENDP 为过程定义结束伪指令,且 PROC－ENDP 必须配对使用。配对的 PROC－ENDP 前面的过程名应相同。NEAR/FAR 定义了过程的属性,前者表示所定义的过程只能被相同代码段的程序调用,称为段内调用;而后者所表示的过程只能被不同代码段的程序调用,称为段间远调用。

2. 子程序结构形式

一个完整的子程序一般应包含下列内容:

(1)子程序的说明部分

在设计子程序时,要建立子程序的文档说明,使用户能清楚此子程序的功能和调用方法。说明时,应含如下内容:

子程序名:命名时要见名中意;

子程序的功能:说明子程序完成的任务;

子程序入口参数:说明子程序运行所需参数及存放位置;

子程序出口参数:说明子程序运行结果的参数及存放位置;

子程序所占用的寄存器和工作单元;

子程序调用示例。

(2)掌握子程序的调用与返回

在汇编语言中,子程序的调用用 CALL,返回用 RET 指令来完成。当发生 CALL 过程调用时,返回地址入栈;而运行 RET 指令时,则由栈顶取出返回地址。

CALL 指令执行分两步走;第一步,保护返回地址,利用堆栈实现,即将返回的地址压入堆栈;第二步,转向子程序,即把子程序的首地址送入 IP 或 CS:IP。

RET 指令功能是返回主程序,即把子程序的返回地址送入 IP 或 CS:IP。

段内调用与返回:调用子程序指令与子程序同在一个段内,因此只修改 IP;

段间调用与返回：调用子程序与子程序分别在不同的段，因此在返回时，需同时修改CS：IP。

(3)子程序的现场保护与恢复

保护现场：在子程序设计时，CPU 内部寄存器内容的保护和恢复，在运行主程序时已经占用了一定数量的寄存器，子程序执行时也要使用寄存器。子程序执行完返回主程序后，要保证主程序按原来状态执行，这就需要对那些在主程序和子程序中都要使用的寄存器的内容在子程序体执行之前加以保护，这就是保护现场。

恢复现场：子程序执行完后再恢复这些主程序中寄存器的内容，称为恢复现场。

一般利用堆栈实现现场保护和恢复的格式：

```
过程名 PROC [NEAR/FAR]
PUSH AX
PUSH BX
.
.
PUSH DX
.
.
.
POP DX
.
.
.
POP AX
RET
过程名 ENDP
```

3.子程序的参数传递方法

(1)寄存器传递参数

这种方式是最基本的参数传递方式。即主程序调用子程序前，将入口参数送到约定的寄存器中。子程序可以直接从这些寄存器中取出参数进行加工处理，并将结果也放在约定的寄存器中，然后返回主程序，主程序再从寄存器中取出结果。

(2)存储器单元传(变量)递参数

这种方法是在主程序调用子程序前，将入口参数存放到约定的存储单元中；子程序运行时到约定存储位置读取参数；子程序执行结束后将结果也放在约定存储单元中。

(3)用堆栈传递参数

利用共享堆栈区，来传递参数是重要的的方法之一。主程序将子程序的入口参数压入堆栈，子程序从堆栈中依次取出这些参数；经过子程序处理后，子程序将出口参数压入堆栈，返回主程序后再通过出栈获取它们。

一、实验要求和目的

1. 熟悉汇编语言程序设计结构；
2. 熟悉汇编语言子程序设计方法；
3. 熟悉利用汇编语言子程序参数传递方法。

二、软硬件环境

1. 硬件环境：微机 CPU 586 以上，128GB 以上硬盘，2GB 以上内存；
2. 软件环境：装有 MASM 5.0、DEBUG、LINK 和 EDIT 等应用程序。

三、实验涉及的主要知识单元

在实际应用中，经常根据遇到使用汇编语言子程序来实现，其中还涉及到参数传递方法。可以应用寄存器、堆栈、变量来进行，调用子程序的入口参数和调用子程序后的出口参数。

如：编写一程序，将 3 个 8 位有符号数中的最大值存入 MAX 单元中。

分析：编制一个求两个数中最大值的过程，然后对其进行调用；由于程序中的数是符号数，所以，比较后的转移指令应该采用 JL 或 JG。

```
Data segment
A db 0f1h
B db 12h
C db 7fh
Max db ?
Data ends
Stack segment para 'stack'
Stapn dw 20 dup(?)
Top EQU length stapn
Stack ends
Code segment
Assume cs:code ,ds:data,ss:stack
Main proc far
Start: push ds
Mov ax,0
Push ax
```

```
Mov ax,data
Mov ds,ax
Mov ax,stack
Mov ss,ax
Mov sp,top
Mov ah,a
Mov al,b
Call maxf
Mov al,c
Call maxf
Mov max,ah
Ret
Main endp
```

子程序名为 MAXF。功能:求两个数中较大者。

入口参数:AH,AL=2 个有符号数。

出口参数:较大者在 AH 中,较小者在 AL 中。

```
Maxf proc near
Cmp ah,al
Jg next
Xchg ah,al
Next:ret
Maxf endp
Code ends
End start
```

四、实验内容与步骤

编制一个程序,显示任意两个 16 进制数的加法或减法表达式及其运算结果。在减法运算中,如果被减数小于减数,显示"Divide Overflow"的提示信息。

```
DATA SEGMENT
CC DB '+'
ww db '-'
GG DB '='
II DB 0DH,0AH,'$'
XJ DB 'Divide Overflow', ODH,DAH,'$'
AA DB 5 DUP(?)
www dw 0
```

```
ghh db '0',0dh,0ah,'$'
bnm dw 0
DATA ENDS

STACK SEGMENT
DB 200 DUP(0)
STACK ENDS

CODE SEGMENT
ASSUME CS:CODE,DS:DATA,SS:STACK
START: MOV AX,DATA
       MOV DS,AX
       MOV CX,20
        CALL RAND        ;产生一随机数
        CALL MCAT        ;将随机数转换为16进制表示的ASCII码字符
        MOV AX,BX
        PUSH AX
        CMP www,0        ;WWW=0?
        JE A1            ;执行'+'
        CMP www,1        ;www=1?
        JE A2            ;执行'-'
A1:     MOV DL,CC        ;显示'+'
        MOV AH,2
        INT 21H
        CALL RAND        ;产生另一随机数
        add bx,0fh
        CALL MCAT        ;将随机数转换为16进制表示的ASCII码字符
        MOV DL,GG        ;显示'='
        MOV AH,2
        INT 21H
        POP AX
        ADD AX,BX
        cmp ax,0
        jne yjwl
        lea dx,ghh
        mov ah,9
```

```
          int 21h
          jmp qq1
yjw1:     JMP B1
A2:       MOV DL,WW            ;显示'一'
          MOV AH,2
          INT 21H
          mov cx,65535
mail:     loop mail
          CALL RAND1
          CALL MCAT
          MOV DL,GG
          MOV AH,2
          INT 21H
          POP AX
          CMP AX,BX
          JAE QQ2
          LEA DX,XJ
          MOV AH,9
          INT 21H
          JMP QQ1
QQ2:      Sbb AX,BX
          cmp ax,0
          jne yjw2
          lea dx,ghh
          mov ah,9
          int 21h
          jmp qq1
yjw2:     JMP B1
B1:       MOV BX,AX
          CALL MCAT
          lea DX,II
          MOV AH,9
          INT 21H
QQ1:      MOV AH,4CH
          INT 21H
```

```
MCATPROC          ;将随机数转换为16进制表示的ASCII码字符子程序
          PUSH AX
          push bx
          PUSH CX
          PUSH DX
          CMP BX,9
          JA S1
          PUSH AX
          PUSH BX
          PUSH CX
          PUSH DX
          mov ax,bx
          mov bl,5
          div bl
          cmp ah,3
          jae vb1
          mov www,1
          jmp vn1
vb1:      mov www,0
          vn1:  pop dx
          pop cx
          pop bx
          pop ax
          ADD BL,30H
          MOV AA,BL
          MOV AA+1,'$'
          LEA DX,AA
          MOV AH,9
          INT 21H
          JMP s3
s1:       MOV CL,4
          MOV AL,0
          PUSH BX
          SHL BX,CL
          CMP BH,9
          JBE V1
```

```
        SUB BH,9
        ADD BH,40H
        JMP MM1
V1:     ADD BH,30H
MM1:    MOV AA,BH
        POP BX
        AND BL,0FH
        PUSH AX
        PUSH BX
        PUSH CX
        PUSH DX
        mov ax,bx
        mov bl,5
        div bl
        cmp ah,3
        jae vb2
        mov www,1
        jmp vn2
vb2:    mov www,0
        vn2:  pop dx
        pop cx
        pop bx
        pop ax
        CMP BL,9
        JBE TT1
        SUB BL,9
        ADD BL,40H
        JMP RR1
TT1:    ADD BL,30H
RR1:    MOV AA+1,BL
        MOV AA+2,'$'
        LEA DX,AA
        MOV AH,9
        INT 21H
```

```
s3:         POP DX
            POP CX
            POP BX
            POP AX
            RET
            MCAT ENDP
            RAND PROC
            PUSH CX
            PUSH DX
            PUSH AX
            STI
            MOV AH,0          ;读时钟计数器值
            INT 1AH
            MOV AX,DX         ;清高 6 位
            AND AH,3
            MOV DL,101        ;除 101,产生 0~100 余数
            DIV DL
            MOV BL,AH         ;余数存 BX,作随机数
            POP AX
            POP DX
POP CX
            RET
            RAND ENDP

            RAND1 PROC
            PUSH CX
            PUSH DX
            PUSH AX
            STI
            MOV AH,0
            INT 1AH
            MOV ax,cx
            AND AH,3
            MOV DL,101
            DIV DL
            MOV BL,AH
```

```
POP AX
POP DX
POP CX
RET
RAND1 ENDP
CODE ENDS
END START
```

五、实验要求与提示

(一)实验要求

(1)画出各程序流程图。

(2)记录实验结果。

(3)把 II DB ODH,OAH,′$′改为 II DB ODH,OAH 观察程序运行结果。

(二)实验提示

(1)显示字符串可以使用 DOS 功能调用的 9 号功能,但是提前定义需要显示的字符串并以′$′符号结束。

(2)INT IAH 的功能是读写时钟参数,(AH)=O,是读当前时钟,出 O 参数是:(CX)=时钟的高位部分,(DX)=时钟的低位部分。

思考与练习

1. II DB ODH, OAH,′$′在程序中的作用?

2. 子程序是否可以缩短源程序的长度?是否可以缩短.OBJ 和 EXE 文件的长度?

3. 子程序执行完毕后要返回程序调用,它返回调用程序的什么地方?是靠什么指令返回的?

第五章　字符串操作及输入/输出实验

知识提要：

本章主要进行字符串处理和输入输出实验，涉及到的知识点包括：

1. 字符串处理指令

常用的字符串处理指令有：传送指令 MOVS、比较指令 CMPS、扫描指令 SCAS、装入指令 LODS、存储指令 STOS、串输入指令 INS 和串输出指令 OUTS。

2. 与串处理基本指令配合的前缀

主要有重复指令 REP、相等/为零则重复指令 REPE/REPZ 和不相等/不为零则重复指令 REPNE/REPNZ。

3. 字符/字符串输入输出

主要利用 DOS 的 INT 21H 中断功能调用来实现字符或字符串的输入/输出操作，其中 1 号功能表示输入字符；2 号功能表示输出字符；0A 号功能表示输入字符串；09 号功能表示输出字符串。

4. CPU 与输入/输出设备

外部设备是实现人机交互和通信的设备，计算机通过硬件接口及 I/O 控制程序对外部设备进行控制。每种输入输出设备都通过一个硬件接口或控制器与 CPU 相连，这些接口和控制器都支持输入输出指令 IN 和 OUT 与外部设备交换信息。这些信息包括控制、状态和数据。

5. 输入/输出控制方式

主要有程序直接控制 I/O 方式、中断传送方式和直接存储器存取(DMA)方式。

实验一　字符串操作编程实验(设计型实验)

一、实验要求和目的

1. 了解汇编语言字符串处理基本流程;
2. 熟悉汇编语言字符串处理基本指令的使用方法;
3. 掌握利用汇编语言实现字符串处理的程序设计方法。

二、软硬件环境

1. 硬件环境:微机 CPU 586 以上,128GB 以上硬盘,2GB 以上内存;
2. 软件环境:装有 MASM 5.0、DEBUG、LINK 和 EDIT 等应用程序。

三、实验涉及的主要知识单元

(一)字符串处理基本操作流程

(1)利用 SI 寄存器保存源串首地址;
(2)利用 DI 寄存器保存目的串首地址;
(3)利用 CX 寄存器保存字符串长度;
(4)利用 CLD 或 STD 指令设置字符串处理方向;
(5)利用字符串处理指令实现相关处理。

其中,CLD 指令使 DF=0,在执行串处理指令时可使地址自动增量;STD 使 DF=1,在执行串处理指令时可使地址自动减量。

提示:字符串处理一般都涉及到源串和目的串,汇编语言规定源串在数据段中定义,目的串在附加段中定义。

(二)重复前缀指令

REP 重复串操作直到计数寄存器的内容为 0 为止。可以与 REP 配合工作的字符串处理指令有 MOVS、STOS、LODS、INS 和 OUTS。

REPE/REPZ 判断计数寄存器的内容是否为 0 或 ZF=0(即比较的两个操作数不等),是的话退出,否则继续执行。可以与 REPE/REPZ 配合工作的串指令有 CMPS 和 SCAS。

REPNE/REPNZ 判断计数寄存器的内容是否为 0 或 ZF=1(即比较的两个操作数相

等),是的话退出,否则继续执行。可以与 REPE/REPZ 配合工作的串指令有 CMPS 和 SCAS。

(三)字符串处理基本指令

(1)MOVS 传送指令

格式:MOVS DST,SRC 或 MOVSB(传送字节)或 MOVSW(传送字)或 MOVSD(传送双字)。后面三种形式需要与 REP 指令结合使用。

该指令把由源变址寄存器(SRC)指向的数据段中的一个字(或双字,或字节)数据传送到由目的变址寄存器(DST)指向的附加段中的一个字(或双字,或字节)中去,同时,根据方向标志及数据格式(字、双字或字节)对源变址寄存器和目的变址寄存器进行修改。

(2)STOS 存入串指令

格式:STOS DST 或 STOSB(存入字节)或 STOSW(存入字)或 STOSD(存入双字)。

该指令把 AL 或 AX 或 EAX 的内容存入由目的变址寄存器指向的附加段的某单元中,并根据方向标志(DF)和数据类型修改目的变址寄存器的内容。

(3)LODS 从串取指令

格式:LODS SRC 或 LODSB(取字节)或 LODSW(取字)或 LODSD(取双字)。

该指令把由源变址寄存器指向的数据段中某单元的内容传送到 AL、AX 或 EAX 中,并根据方向标志和数据类型修改源变址寄存器的内容。

(4)INS 串输入指令

格式:INS DST,DX 或 INSB 或 INSW 或 INSD。

该指令把端口号在 DX 寄存器中的 I/O 空间的字节、字或双字传送到附加段中的由目的变址寄存器所指向的存储单元中,并根据 DF 的值和数据类型修改目的变址寄存器的内容。

(5)OUTS 串输出指令

格式:OUTS DX,SRC 或 OUTSB 或 OUTSW 或 OUTSD。

该指令把由源变址寄存器所指向的存储器中的字节、字或双字传送到端口号在 DX 寄存器中的 I/O 端口中去,并根据 DF 及数据类型修改源变址寄存器的内容。

(6)CMPS 串比较指令

格式:CMPS SRC,DST 或 CMPSB 或 CMPSW 或 CMPSD。

该指令把由源变址寄存器指向的数据段中的一个字节、字或双字与由目的变址寄存器所指向的附加段中的一个字节、字或双字相减,但不保存结果,只根据结果设置条件标志。

该指令与 REPE/REPZ 或 REPNE/REPNZ 结合,可以比较两个数据串。

(7)SCAS 串扫描指令

格式:SCAS DST 或 SCASB 或 SCASW 或 SCASD。

该指令把 AL、AX 或 EAX 的内容与由目的变址寄存器所指向的附加段中的一个字节、字或双字进行比较，并不保存结果，只根据结果设置条件码。

该指令与 REPE/REPZ 或 REPNE/REPNZ 结合，可以从一个字符串中查找一个指定的字符。

(四)字符串处理程序设计示例

比较两串字符串是否相同，相同则显示字符串内容，不同则显示“NO MATCH!”。

首先进行题目分析：

(1)如何判断两串字符串不同？

如果两串字符串长度不等，那它们肯定不相同，故首先要判断它们的长度是否相同。如果两串字符串长度相等，那么就逐个判断对应的字符是否相同。

(2)分析数据定义

按题目要求，至少要定义两串字符串，还有就是不同时的“NO MATCH!”提示信息的显示。为了使程序的通用性比较好，字符串长度最好能自动获取。需要注意的就是该题目如果利用字符串处理指令进行，则源串和目的串应该分别定义在数据段与附加段。

(3)分析程序设计

按照(1)的分析，首先要比较字符串长度是否相同，此时需要获取字符串长度，并比较，可以用 CMP 指令进行；如果字符串长度相等，则利用字符串处理指令进行逐个字符比较，可以利用 CMPS 进行，在用 CMPS 之前需要按照(一)(字符串处理基本流程)进行前期准备。

(4)具体程序设计

```
DATA SEGMENT
STR1 DB 'NHALLO $'              ;源串
N EQU  $-STR1                   ;自动获取字符串长度
MESS DB 'NO MATCH!  $'          ;提示信息
DATA ENDS
DATA1 SEGMENT
STR2 DB 'HELLOA $'              ;目的串
M EQU  $-STR2                   ;自动获取字符串长度
DATA1 ENDS
CODE SEGMENT
ASSUME CS:CODE,DS:DATA,ES:DATA1
START:
MOV AX,DATA
MOV DS,AX                       ;数据段段寄存器赋值
MOV AX,DATA1
```

```
MOV ES,AX                    ;附加段段寄存器赋值
MOV AL,N
CMP AL,M                     ;比较两串字符串的长度
JNZ EXIT                     ;不相等转到 EXIT,显示 NO MATCH!
LEA SI,STR1                  ;相等则利用字符串处理指令进行比较
LEA DI,STR2
MOV CL,N
MOV CH,0
CLD
REPE CMPSB                   ;利用 CMPSB 比较两串字符串的每个字符
JNZ EXIT                     ;跳出上述循环操作时,如果 CX 不为 0 表示两串
                             字符
                             ;串有不相等字符出现,转 EXIT 显示 NO
                             MATCH!
LEA DX,STR1                  ;否则,两串字符串完全相等,显示字符串信息
JMP L1
EXIT:
LEA DX,MESS
L1:  MOV AH,9           ;9 号功能调用显示字符串信息
     INT 21H
     MOV AH,4CH         ;程序结束
     INT 21H
CODE ENDS
     END START
```

四、实验内容与步骤

(一)实验内容

(1)编写程序,将内存中某一区域的数据传送到另一区域(要求用字符串处理方法);

(2)编写程序,在已知字符串中搜索特定字符'*',若找到则显示该字符,找不到则显示"NOFOUND";

(3)编写程序,统计一串字符串中某字符出现的次数。

(二)实验步骤

(1)预习字符串处理基本知识,根据实验内容,画出流程图;

(2)利用 EDIT 或其他编辑软件,编写汇编源程序,取名为"ch5ex1. ASM"、"ch5ex2.

ASM”和“ch5ex3. ASM”；

(3)汇编、连接该源程序，产生“ch5ex1. EXE”、“ch5ex2. EXE”和“ch5ex3. EXE”文件；

(4)对“ch5ex1. EXE”和“ch5ex3. EXE”文件进行调试运行：利用 DEBUG 的 T 命令或 G 命令和 D 命令查看数据区，字符串是否传送成功以及字符出现次数。

五、实验要求与提示

(一)实验要求

(1)画出各程序流程图；

(2)列出程序清单，加上适量注释；

(3)回答思考问题；

(4)记录实验结果。

(二)实验提示

(1)数据区中的字符串应以 $ 结尾；

(2)显示单个字符可以用 DOS 的 INT 21H 的 2 号功能，将字符放在 AL 寄存器中，2 号放在 AH 寄存器中。

```
MOV AL, *
MOV AH,2
INT 21H
```

(3)显示字符串可以用如下指令，但要提前定义需要显示的字符串。

```
LEA DX,STR
MOV AH,9
INT 21H
```

六、思考与练习

1. 不用字符串处理方法，而用其他方法如何实现题目 1 的程序设计？
2. 要求从键盘输入字符串数据，如何修改题目 1？
3. $ 符号在字符串里的作用是什么？

实验二 字符及字符串的输入/输出编程实验(设计型实验)

一、实验要求和目的

1. 熟悉汇编语言程序设计结构；
2. 熟悉汇编语言字符串处理基本指令的使用方法；
3. 掌握利用汇编语言实现字符的输入输出程序设计方法；
4. 掌握利用汇编语言实现字符串的输入输出程序设计方法。

二、软硬件环境

1. 硬件环境：微机 CPU 586 以上，128GB 以上硬盘，2GB 以上内存；
2. 软件环境：装有 MASM 5.0、DEBUG、LINK 和 EDIT 等应用程序。

三、实验涉及的主要知识单元

在实际应用中，经常需要从键盘输入数据并将结果等内容显示到屏幕上，方便程序控制及查看结果。汇编语言的数据输入和输出分成两类，一是单个字符数据的输入输出，一是字符串数据的输入输出。都可以通过 DOS 功能调用来实现，下面就分别介绍下用来实现数据输入输出的功能调用的使用方法。

(一)单个字符输入

单个字符输入可以利用 DOS 的 1 号功能调用来完成，使用方法为：

```
MOV AH,1
INT 21H
```

这两条语句执行后，光标会在屏幕上闪烁，等待输入数据，输入的数据以 ASCII 码形式存储在 AL 寄存器中。

下面简单举例说明单个字符输入的使用，从键盘输入一个数据并将其存储到存储器中，程序如下所示，输入数据查看如图 5-1 所示。

```
DATA SEGMENT
A DB ?                          ;保存键盘输入的数据
DATA ENDS
CODE SEGMENT
```

```
ASSUME CS:CODE,DS:DATA
START:
    MOV AX,DATA
    MOV DS,AX
    MOV AH,1                ;DOS1 号功能调用
    INT 21H
    MOV A,AL                ;将输入数据保存到 A 中
    MOV AH,4CH
    INT 21H
CODE ENDS
    END START
```

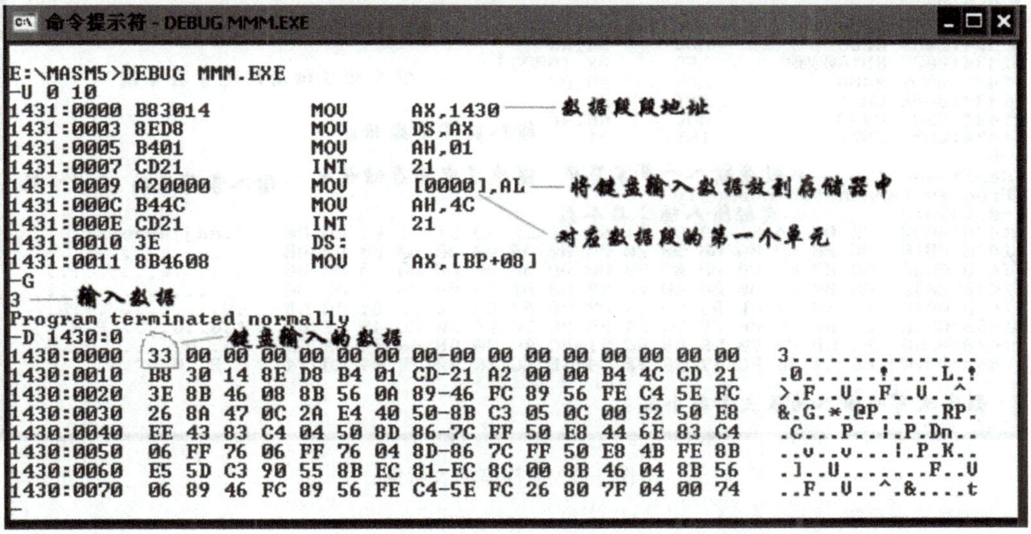

图 5-1　键盘输入数据示例

(二)单个字符输出

单个字符输出可利用 DOS 的 2 号功能调用来完成,使用方法为:

```
MOV DL,'?'
MOV AH,2
INT 21H
```

单个字符输出需要把要输出字符的 ASCII 码放在 DL 寄存器中。

(三)字符串输入

从键盘输入一串字符串可以利用 DOS 的 10 号功能调用来完成,使用方法为:

```
BUF DB 50            ;预定义可以输入的最大字符个数
DB ?                 ;实际输入字符个数,根据输入自动统计
DB 50 DUP (?)        ;存放输入字符串数据缓冲区

LEA DX,BUF
MOV AH,10
INT 21H
```

利用 10 号功能实现字符串输入,需要在数据段中预定义缓冲区,如上所述,图 5-2 给出了利用 10 号功能调用实现字符串输入的示例。

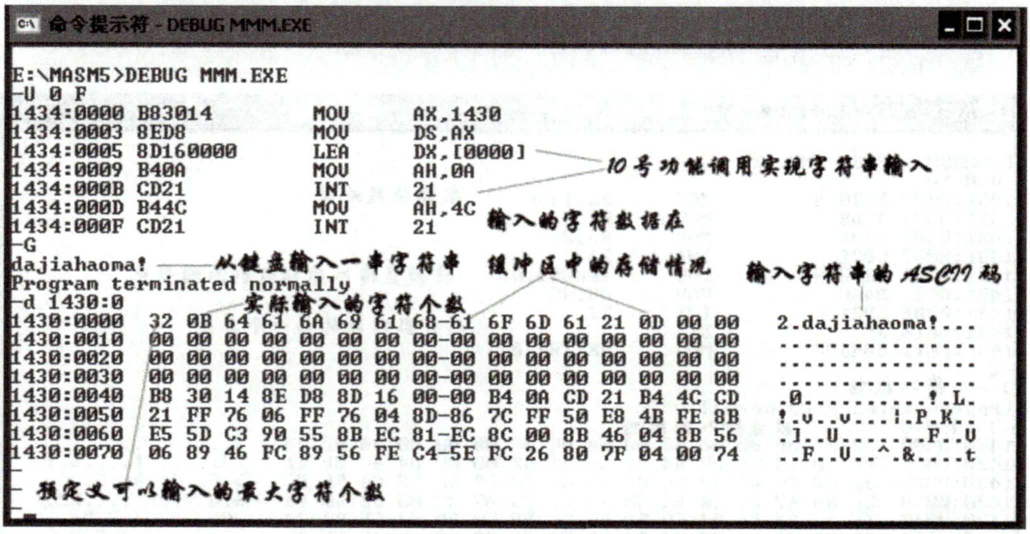

图 5-2　字符串输入示例

(四)字符串输出

字符串输出可由 DOS 9 号功能调用来完成,使用方法为:

```
STRING DB 'HELLO $'

LEA DX,STRING
MOV AH,9
INT 21H
```

显示字符串需要先在数据段中定义,例如 STRING,然后调用 9 号功能来进行显示输出。需要注意的是,字符串要求以'$'作为结束标志,如果不加'$'则会出现乱码显示效果。

四、实验内容与步骤

(一)实验内容

修改实验一的题目1和2为:

(1)从键盘输入一串字符串(要求输入时给出信息提示),存入内存中的数据段的某一区域,然后编写程序,将其传送到附加段中的另一区域(要求用字符串处理方法)。

(2)从键盘输入一串字符串(要求输入时给出信息提示),存入内存中某一区域,然后输入一个字符*(要求输入时给出信息提示),编写程序在输入的字符串中搜索特定字符'*',若找到则显示该字符,找不到则显示"NOFOUND"。

(3)从键盘输入一串字符串(显示提示)到内存中,在该字符串的某一个位置,插入某一字符或删除某一字符,并显示操作后的字符串。

(二)实验步骤

(1)预习字符串处理基本知识,以及字符/字符串输入/输出基本操作,根据实验内容,画出流程图;

(2)利用EDIT或其他编辑软件,编写汇编源程序,取名为"ch5ex4.ASM"、"ch5ex5.ASM"和"ch5ex6.ASM";

(3)汇编、连接该源程序,产生"ch5ex4.EXE"、"ch5ex5.EXE"和"ch5ex6.EXE"文件;

(4)对"ch5ex4.EXE"文件进行调试运行:利用DEBUG的T命令或G命令和D命令查看数据区,字符串是否正确保存到数据区、字符串是否传送成功、字符插入和删除操作是否成功。

五、实验要求与提示

(一)实验要求

(1)画出各程序流程图;

(2)列出程序清单,加上适量注释;

(3)回答思考问题;

(4)记录实验结果。

(二)实验提示

(1)提示信息实际上也是一串字符串,可以利用9号功能显示;

(2)如果字符串结尾没有$,显示时会出现乱码。

六、思考与练习

1. 字符串在内存中是如何存储的？
2. 屏幕有多个字符串显示时，如何换行？
3. 如果想在一串字符串中同时查找多个字符，如何修改题目 2 的程序？

实验三　发声系统程序编程设计(综合型实验)

一、实验要求和目的

1. 了解汇编语言输入输出控制的基本方法；
2. 熟悉汇编语言输入输出指令的使用方法；
3. 掌握利用汇编语言实现输入输出程序设计的基本方法。

二、环境和设备

1. 硬件环境：微机 CPU 586 以上，128GB 以上硬盘，2GB 以上内存；
2. 软件环境：装有 MASM 5.0、DEBUG、LINK 和 EDIT 等应用程序。

三、实验涉及的主要知识单元

(一)I/O 设备

计算机的五大组成部件分别是运算器、控制器、存储器、输入设备和输出设备，每种输入输出设备都通过一个硬件接口或控制器与 CPU 连接。例如，软盘通过软盘控制器与 CPU 连接，显示器通过数据接口与 CPU 连接。这些接口或控制器都支持输入输出指令 IN、OUT 与外部设备交换信息，其交换的信息包括控制信息、状态信息和数据信息三种，它们必须按不同的端口地址分别传送。

(1)控制信息

控制信息由 CPU 输出到 I/O 接口，通知接口或设备要做什么动作，如 CPU 向 I/O 接口发送启动信号或停止信号以控制外设的启停。

(2)状态信息

状态信息从 I/O 接口发送到 CPU，表示 I/O 设备当前所处的状态，如输入设备的准备好(READY)，表示外设已经准备好输入数据，输出设备的忙(BUSY)表示该设备是否处于空闲状态，空闲则可以接收 CPU 送来的信息，忙则 CPU 要等待。

(3)数据信息

数据信息是 CPU 与 I/O 设备要进行交换的数据,其数据类型视具体 I/O 设备需求而定,如向显示器传送的信息必须是 ASCII 码。

(二)I/O 端口

I/O 端口一般有三种寄存器:一是作为数据缓冲的数据寄存器,二是作为保存设备和接口状态的状态寄存器,三是保存 CPU 发送的命令以控制接口的命令寄存器。这些寄存器有各自的端口号,I/O 端口是独立编址的,允许设置 64K 个 8 位端口或 32K 个 16 位端口,表 5-1 列出了部分端口地址。

表 5-1 I/O 端口地址分配

I/O 地址	功能	I/O 地址	功能
00—0F	DMA 控制器 8237A	2F8—2FE	2 号串行口
20—3F	可编程中断控制器 8259A	3F8—3FE	1 号串行口
40—5F	可编程中断计时器	320—324	硬盘适配器
60—63	8255A PPI	372—377	软盘适配器
70—71	CMOS RAM	378—37A	2 号并行口
170—1F7	硬盘控制器	3BC—3BE	1 号并行口
200—20F	游戏控制端口	3D0—3D7	CGA 视频寄存器

(三)扬声器控制

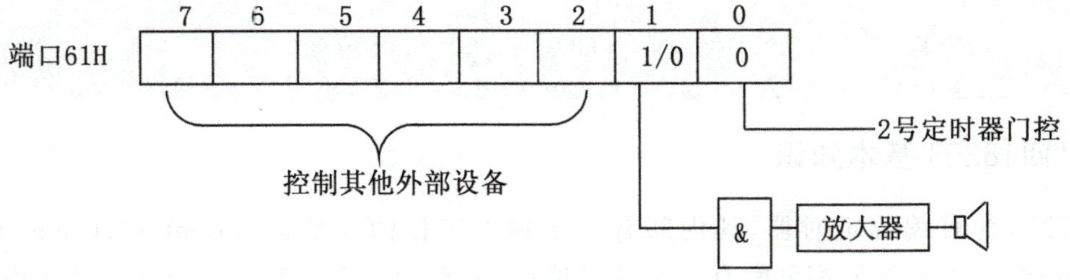

图 5-3 设备控制寄存器

61H 端口控制寄存器的第 0 位和一个振荡器相连,第 1 位与扬声器的脉冲门相连,如图 5-3 所示,当第 1 位由 0 变为 1,延迟一会又由 1 变为 0 时,脉冲门就先打开后关闭,产生一个脉冲电流,这个脉冲电流经放大器放大后送到扬声器使之发出声音。

下面是利用上述方法实现发声的程序示例:

```
code segment
assume cs:code
start:
        mov di,200              ;发生的频率
        mov ax,2800             ;计算 1 秒时间
```

```
    mov bx,50
    mul bx
    div di
      mov dx,ax                   ;得到脉冲周期时间
      mov ax,20
      mul bx
      mov bx,ax
      in al,61h
      mov ah,al
      and al,0fch                 ;关定时器通道 2 的门控
l0:   xor al,2
      out 61h,al
      mov cx,dx                   ;控制脉冲宽度的计数值
wait1:loop wait1
      dec bx
      jnz l0                      ;控制音长
      mov al,ah
      out 61h,al                  ;关闭扬声器
      mov ah,4ch                  ;程序结束
      int 21h
      code ends
      end start
```

(四)8253 基本知识

8253 为可编程定时器，其内部有 3 个独立工作的计数器：Counter0、Counter1 和 Counter2，每个计数器都分配有一个端口地址，分别为 40H、41H 和 42H。8253 内部还有一个公用的控制寄存器，其地址为 43H。端口地址输入到 8253 的 CS、A1、A0 端，分别对 3 个计数器和控制器寻址。

(1)8253 基本结构

8253 编程结构如图 5-4 所示，每个计数器由三个引脚与外部联系，其中 CLK 为时钟输入端，OUT 为计数/定时信号输出端，GATE 为门控信号输入端。每个计数器内部都包含一个 16 位计数寄存器，以倒计数方式计数。

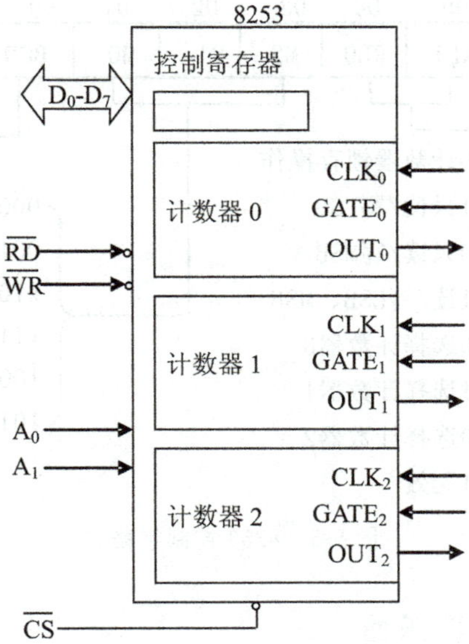

图 5-4　8253 编程结构

(2)控制字设计

对 8253 编程时，先要设定控制字，以选择计数器、确定工作模式和计数值格式。其控制字格式如图 5-5 所示，其中：

D0——为选择计数值的格式。D0＝0，计数值格式是二进制；D0＝1，计数值格式是 BCD 码。该计数值在编程时作为与 CLK 输入频率相除的除数，最小为 001，最大为 216。

D3，D2 和 D1——为选择操作模式。D3 D2 D1＝000～010，分别表示模式 0～模式 5，这 6 种模式决定了输出脉冲的形状。

D5 和 D4——为读写指示。有四种选择，如图 5-5 所示。

D7 和 D6——为选择计数器。确定控制字是对哪个计数器进行初始化。

例如，将计数器 0 设定为模式 3，计数值为 4282(BCD)，则程序设计如下：

```
MOV AL,00110111B              ;控制字
OUT 43H,AL
MOV AX,4282H                  ;计数值
OUT 40H,AL                    ;计数值低位
MOV AL,AH                     ;计数值高位
OUT 40H,AL
```

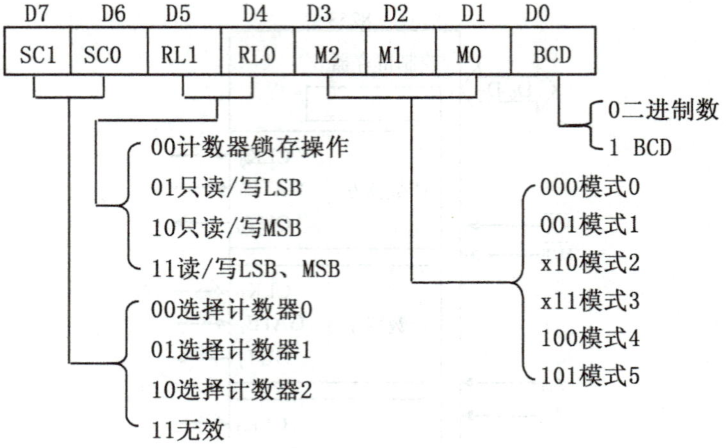

图 5-5　8253 控制字格式

(五)利用 8253-5 演奏乐曲

乐曲是按照一定的高低、长短和强弱关系组成的音调。在一首乐曲中，每个音符的音高和音长与频率和节拍有关。组成乐曲的每个音符的频率值和持续时间是乐曲程序发声所需要的两个数据。音符的频率根据不同的音乐是不同的，可以预先查知，但实际送入计数器的是输入频率 1.193MHz 与音符频率相除的值。

音符的持续时间是根据乐曲的速度及每个音符的节拍数来确定的。在 4/4(四四拍)中，四分音符为 1 拍，每小节 4 拍，全音符持续 4 拍，二分持续 2 拍，四分音符持续 1 拍，八分音符持续半拍。如果给全音符分配 1s(100 * 10ms)的时间，则二分音符的持续时间为 0.5s(50 * 10ms)，其他的类推。

```
;;;;;;;;;;;;;;;;;;;;;;;;;;;;;;;;;;;;;;;;;;;;;;;;;;;;;;;;;;;
294,0      ;频率表
TTABLEDW  40,40,40,0,10,40,20,80      ;时间表
DATA   ENDS
STACK   SEGMENT
    DW 100 DUP(?)
STACK ENDS
CODE SEGMENT
    ASSUME   CS:CODE,DS:DATA,SS:STACK
SING PROC FAR
    MOV AX,DATA
    MOV DS,AX
    MOV SI,OFFSET FTABLE
```

```
    LEABP,TTABLE
    CALL PLAY
    MOV AX,4C00H
    INT21H
    RET
SING   ENDP
;;;;;;;;;;;;;;;;;;;;;;;;;;;;;;;;;;;;;;;;;;;;;
    PLAY   PROC
    PUSH   BX
    PUSH   DI
    PUSHSI
    PUSHBP
AGAIN:MOV DI,[SI]            ;取音调频率
    CMP DI,0                 ;是否演奏完
    JE ENDPLAY
    MOV BX,DS:[BP]           ;取持续时间
    CALL NEWBEEP             ;演奏一个音符
    ADD SI,2
    ADD BP,2                 ;修改指针
    JMPAGAIN
ENDPLAY:POP BP
    POPSI
    POPDI
    POPBX
    RET
PLAY   ENDP
;;;;;;;;;;;;;;;;;;;;;;;;;;;;;;;;;;;;;;;;;;;;;
NEWBEEP PROC NEAR
    PUSH AX
    PUSH CX
    PUSH DX
    PUSH DI
    MOV AL,0B6H              ;控制字
    OUT 43H,AL               ;8253-5 通道 2 设置方式 3
    MOV DX,12H               ;16 位,二进制计数
    MOV AX,34DAH
```

```
    DIVDI                          ;计算时间常数
    OUT 42H, AL
    MOV AL,AH
    OUT 42H,AL                     ;送时间常数
    MOV AL,03H
    OUT 61H,AL                     ;使与门打开,GETE2 有效,扬声器响
DELAY2:MOV CX,12500
DELAY1:LOOP DELAY1                 ;延时 10ms,使声音维持
    DEC BX
    JNZDELAY2                      ;根据 BX 的内容延迟
    MOV AL,00H
    OUT 61H,AL                     ;关闭扬声器
    POPDI
    POPDX
    POPCX
    POPAX
    RET
    NEWBEEP ENDP
    CODE   ENDS
    END   SING
;;;;;;;;;;;;;;;;;;;;;;;;;;;;;;;;;;;;;;;;;;;;;;;;
```

四、实验内容与步骤

(一)实验内容

(1)利用 8253,编程实现使扬声器发出“1 2 3…i”曲谱音符声的 I/O 程序;

(2)编写可以演奏“两只老虎”乐曲的程序。

曲谱主要段对应的频率如下:

音符	1	2	3	1;	3	4	5;		
频率	262,	294,	330,	262,	330,	394,	392		
音符	5	6	5	4	3	1;	2	5	1
频率	392,	440,	392,	349,	330,	261;	294,	192,	262

(二)实验步骤

(1)预习输入输出处理基本知识,根据实验内容,画出流程图;

(2)利用 EDIT 或其他编辑软件，编写汇编源程序，取名为“ch5ex7. ASM”和“ch5ex8. ASM”；

(3)汇编、连接该源程序，产生“ch5ex7. EXE”和“ch5ex8. EXE”文件；

(4)对“ch5ex7. EXE”文件进行调试运行：利用 DEBUG 的 T 命令或 G 命令，观察程序运行效果。

五、实验要求与提示

(一)实验要求

(1)画出各程序流程图；

(2)列出程序清单，加上适量注释；

(3)回答思考问题；

(4)记录实验结果。

(二)实验提示

(1)题目 1 可通过发送 0 和 1 脉冲方式控制扬声器发声；

(2)题目 2 要通过设置频率表和时间表方式，通过子程序调用来实现音乐演奏。

六、思考与练习

1. 16 位计数值如何传送给定时器？

2. 计数值是如何计算的？

第六章　综合程序设计实验

知识提要：

本章主要进行综合型实验，包括两个实验，一是中断实验，二是学生成绩管理系统实验，涉及到的知识点包括：

1.文件操作的功能调用

(1)建立并打开文件——3CH号功能

格式：

```
MOV AX,文件名及路径字符串所在单元段基址(字符串以"0"结尾)
MOV DS,AX
MOV DX,文件名及路径字符串所在单元偏移量
MOV CX,文件属性(与FDT规定相同)
MOV AH,3CH
INT 21H
```

功能：按要求在指定位置建立一个文件并打开它，如果该文件已存在就将其长度变为"0"；如果该文件不存在就建立它。

返回参数：CF=0，文件建立成功，AX中返回文件号(文件句柄)；CF=1，文件建立失败，AX中返回错误代码，3——路径未找到、4——打开文件太多、5——拒绝存取。

(2)打开文件——3DH号功能

格式：

```
MOV AX,文件名及路径字符串所在单元段基址
MOV DS,AX
MOV DX,文件名及路径字符串所在单元偏移量
MOV AL,文件操作代码(0:为读打开、1:为写打开、2:为读/写打开)
MOV AH,3DH
INT 21H
```

功能：打开指定位置上的文件，并使文件的读写指针位于文件的第一个字节上。

返回参数：CF=0，打开成功，AX中返回文件号；CF=1，打开失败，AX中返回错误代码，2——文件未找到、4——打开文件太多、5——拒绝存取、C——无效的文件操作代码。

(3)关闭文件——3EH 号功能

格式:
```
MOV BX,要关闭文件的文件号
MOV AH,3EHL
INT 21H
```

功能:关闭指定位置上的文件。

返回参数:CF=0,关闭成功;CF=1,关闭失败,AX 中返回错误代码,6—非法的文件号。

(4)读文件——3FH 号功能

格式:
```
MOV AX,内存缓冲区段基址
MOV DS,AX
MOV DX,内存缓冲区偏移量
MOV CX,字节数
MOV BX,已打开文件的文件号
MOV AH,3FH
INT 21H
```

功能:将指定的文件读入 DS:DX 开始的内存缓冲区中。

返回参数:CF=0,读取成功,AX 中返回实际读入的字节数;CF=1,读取失败,AX 中返回错误代码,5——拒绝存取、6——非法的文件号。

(5)写文件——40H 号功能

格式:
```
MOV AX,内存缓冲区段基址
MOV DS,AX
MOV DX,内存缓冲区偏移量
MOV CX,字节数
MOV BX,已打开文件的文件号
MOV AH,40H
INT 21H
```

功能:将 DS:DX 开始的内存缓冲区的内容定入指定的文件中。

返回参数:CF=0,写成功,AX 中返回实际写入的字节数;CF=1,写失败,AX 中返回错误代码,5——拒绝存取、6——非法的文件号。如果磁盘满,将认为是一个错误,但不返回错误代码。

(6)移动文件读/写指针——42H 号功能

格式：MOV CX,文件指针相对位移量高位

MOV DX,文件指针相对位移量低位

MOV BX,已打开文件的文件号

MOV AL,文件指针移动位置(0——文件头加相对位移量、1——当前位置加相对位移量、2——文件尾加相对位移量)

MOV AH,42H

INT 21H

功能：将文件的读写指针移到指定位置上。可用此功能求出文件的长度。

返回参数：CF=0,移动成功,DX、AX中返回文件指针的新位置；CF=1,移动失败,AX中返回错误代码，1——无效的功能号、6——非法的文件号。

2. 中断的功能调用

(1)设置中断向量——25H号功能

格式：MOV DS,中断服务程序入口地址段基址

MOV DX,中断服务程序入口地址偏移量

MOV AL,中断类型码

MOV AH,25H

INT 21H

功能：将DS:DX中的中断服务程序入口地址存入中断向量表中与中断类型码相对应的双字单元。

(2)中断向量——35H号功能

格式：MOV AL,中断类型码

MOV AH,35H

INT 21H

功能：将中断向量表中与指定中断类型码相对应的双字单元中的中断服务程序入口地址的偏移量读入BX中,段基址读入ES中。

(3)程序结束并驻留——31H号功能

格式：MOV DX,驻留程序的长度(PSP与整个程序长度之和)

MOV AL,3(出口代码)

MOV AH,31H

INT 21H

功能：终止程序执行并使之驻留内存。DX中是驻留程序的长度(以节为单位,程序各段节长度之和再加上PSP节长度20H)；AL中为设置的退出该程序的出口代码,以供其它程序查阅退出该程序的原因(0——正常终止、1——Ctrl+Break终止、2——关键设备错误终止、3——31H功能调用终止,其它程序可以用4DH功能调用进行查阅)。

3. 显示中断调用

INT 10H有十七个子功能

(1)0 号子功能:设置显示方式

格式:
```
MOV AH,0
MOV AL,显示方式号
INT 10H
```

功能:将显示器设置成指定的显示方式。

(2)1 号子功能:设置光标大小

格式:
```
MOV AH,1
MOV CH,光标起始线(bit4－bit0,bit6 = bit5 = 0)
MOV CL,光标结束线(bit4－bit0)
INT 10H
```

功能:设置显示器光标的大小。该子功能适用于字符显示方式(图形方式无光标),对于字符显示方式 0－3,起始线取值 0－7,结束线取值 0－7。

(3)2 号子功能:设置光标位置

格式:
```
MOV AH,2
MOV BH,页号(在当前屏幕时 BH = 0)
MOV DH,行号(Y 坐标)
MOV DL,列号(X 坐标)
INT 10H
```

功能:设置显示器光标的位置。该子功能适用于字符显示方式(图形方式无光标),对于字符显示方式 2、3,X 取值 0～79,Y 取值 0～24。

(4)3 号子功能:读光标位置

格式:
```
MOV AH,3
MOV BH,0
INT 10H
```

功能:读显示器光标的位置。该子功能适用于字符显示方式(图形方式无光标)。DH←光标当前行号。

DL←光标当前列号

CH←光标起始线(0－7)

CL←光标结束线(0－7)

(5)4 号子功能:读光笔位置

格式:
```
MOV AH,4
INT 10H
```

功能:读显示器光笔的位置。AH=0 表示光笔未触发;AH=1 表示光笔已触发。

DH←字符行号

DL←字符列号

CH←象素行号

CL←象素列号

(6)5号子功能:选择当前显示页

格式:
```
MOV AH,5
MOV AL,当前显示页号
INT 10H
```

功能:选择指定页号的页为当前显示页。显示器每一屏(也称为“页”)的显示信息都是存放在显示适配器的存储器(称为显示缓冲区)中,显示缓冲区可以同时存储若干页显示信息,用户显示时可用该功能调用选取。显示方式与可用的显示页号的关系是:

显示方式	可用页号
0、1	0—7(CGA)
2、3	0—3(CGA)
2、3、0DH	0—7(EGA)
0EH	0—3(EGA)
0FH、10H	0—1(EGA)

(7)6号子功能:屏幕上滚

格式:
```
MOV AH,6
MOV AL,滚动行数(AL=0,则指定屏幕上为空白)
MOV BH,新插入行的字符属性
MOV CH,滚动的左上角行号
MOV CL,滚动的左上角列号
MOV DH,滚动的右下角行号
MOV DL,滚动的右下角列号
INT 10H
```

功能:屏幕上指定范围的内容向上滚动,底端插入空白行。

(8)7号子功能:屏幕下滚

格式:
```
MOV AH,7
MOV AL,滚动行数(AL=0,则指定屏幕上为空白)
MOV BH,新插入行的字符属性
MOV CH,滚动的左上角行号
MOV CL,滚动的左上角列号
MOV DH,滚动的右下角行号
MOV DL,滚动的右下角列号
INT 10H
```

功能:屏幕上指定范围的内容向下滚动,顶端插入空白行。

(9)8号子功能:读当前光标位置的字符及属性

格式:
```
MOV AH,8
MOV BH,页号
INT 10H
```

功能:将指定页当前光标位置字符(ASCII 码)读到 AL 中;该字符属性读到 AH 中。属性格式如下:

表 6-1 前景色与背景色

闪烁	背景颜色			前景颜色			
Bit7	Bit6	Bit5	Bit4	Bit3	Bit2	Bit1	Bit0
BL	红(R)	绿(G)	蓝(B)	辉度(I)	红(R)	绿(G)	蓝(B)

* 说明:闪烁(BL=1 闪烁)和辉度(I=1 高亮度)只用于前景色。

表 6-2 8 种背景色的组合

R、G、B 的组合	背景色
0 0 0	黑
0、0、1	蓝
0、1、0	绿
0、1、1	青
1、0、0	红
1、0、1	紫
1、1、0	褐
1、1、1	白

表 6-3 16 种背景色

I、R、G、B 的组合	背景色	I、R、G、B 的组合	背景色
0、0 0 0	黑	1、0 0 0	灰
0、0、0、1	蓝	1、0、0、1	浅蓝
0、0、1、0	绿	1、0、1、0	浅绿
0、0、1、1	青	1、0、1、1	浅青
0、1、0、0	红	1、1、0、0	浅红
0、1、0、1	品红	1、1、0、1	浅品红
0、1、1、0	棕	1、1、1、0	黄
0、1、1、1	灰白	1、1、1、1	白

(10)9 号子功能:在当前光标位置上按指定属性写字符

格式:
```
MOV AH,9
MOV AL,字符 ASCII 码
MOV BH,页号
MOV BL,字符属性
MOV CX,写字符个数
INT 10H
```

功能：在指定页当前光标位置按指定属性写若干个(CX)字符。

(11)0AH 号子功能：在当前光标位置上写字符

格式：
```
MOV AH,0AH
MOV AL,字符 ASCII 码
MOV BH,页号
MOV CX,写字符个数
INT 10H
```

功能：在指定页当前光标位置按原来属性写若干个(CX)字符。

(12)0BH 号子功能：设置彩色调色板

格式：
```
MOV AH,0BH
MOV BH,选择设置背景色/调色板(0/1)
MOV BL,选择背景色号/调色板号(0—F/0—1)
INT 10H
```

功能：设置彩色调色板。

在字符方式下只能设置背景色，此时的背景色实际上是屏幕四周的边沿颜色(非显示区)，显示区字符颜色由字符属性决定。

在图形方式下既可设置作图的背景色，也可以设置作图的颜色(即调色板颜色)

背景色编号

0——黑	1—蓝	2——绿	3——青	4——红	5——粉红
6——棕	7—白	8——灰	9——浅蓝	10—浅绿	11—浅青
12—粉	13—浅粉红	14—黄	15—亮白		

表 6-4 调色板及颜色选择

调色板号	供选择的颜色			
0	0—与背景色同	1—绿	2—红	3—棕
1	0—与背景色同	1—青	2—粉红	3—白

(13)0CH 号子功能：写一个象素点

格式：
```
MOV AH,0CH
MOV AL,象素点颜色值(见调色板及颜色选择)
MOV BH,页号
MOV CX,象素列号(0—319 或 0—639 即 EGA/VGA)
MOV DX,象素行号(0—199 或 0—479 即 EGA/VGA)
INT 10H
```

功能：图形方式下在指定页指定坐标位置以指定颜色写一个象素点。当显示方式为“6”时(640 * 200——2 色图形)，象素点颜色值只取“0”和“1”；显示方式为 4、5 时，象素点颜色值取 0—3。

(14)0DH 号子功能:读一个象素点

格式:
```
MOV AH,0DH
MOV BH,页号
MOV CX,象素列号(0—319 或 0—639 即 EGA/VGA)
MOV DX,象素行号(0—199 或 0—479 即 EGA/VGA)
INT 10H
```

功能:读取指定象素点颜色值于 AL 中。

(15)0FH 号子功能:读当前显示方式

格式:
```
MOV AH,0FH
INT 10H
```

功能:读取当前显示方式。

AL←显示方式号

AH←屏幕显示的字符列数

BH←当前显示页号

(16)13H 号子功能:写字符串

格式:
```
MOV AH,13H
MOV AL,字符串的显示方式及结构代码
MOV BH,页号
MOV CX,字符串的长度
MOV DX,字符串显示的起始位置(DH:行号;DL:列号)
MOV ES,字符串所在段的段基址
MOV BP,字符串首字符段内偏移量
INT 10H
```

功能:在指定位置按指定属性写一个字符串。

表 6-5 字符串的显示方式及结构代码

字符串的显示方式及结构代码(AL)	字符串的结构	显示结束后光标的位置
0	字符,字符,……,字符,字符	在字符串的第一个字符位置上
1	字符,字符,……,字符,字符	在字符串的最末字符位置之后
2	字符,属性,……,字符,属性	在字符串的第一个字符位置上
3	字符,属性,……,字符,属性	在字符串的最末字符位置之后

4. 中断的相关知识

(1) 中断概述

什么是中断

计算机在执行程序的过程中由于随机原因而被中途打断的现象。

断点

例行程序被中断的位置称为断点。假设例行程序在第 n 条指令处中断，则第 n+1 条指令位置就是断点。为了使中断处理完后程序的执行方向能顺利地返回断点处的例行程序，对断点处的相关信息（断点地址和现场信息）必须进行必要的保护和恢复，这将通过指令或 CPU 自动完成。

中断技术的主要应用

①及时处理计算机中的突发事故：掉电、溢出、内存出错等；

②协调快速 CPU 与慢速外设的矛盾；

③实时处理控制现场的参数和信息。

(2) 中断源和中断类型码

①中断源：引起中断的原因或中断信号的来源，称为中断源。

外部中断源

如果中断信号来自 CPU 的外部，称外部中断源，外部中断源引起的中断称为外中断。

第一、非屏蔽中断(NMI)：该中断不受 IF 的限制，即无论 IF 是“0”还是“1”，非屏蔽中断一定会被 CPU 所接受。该中断一般用来处理特别紧急的情况，如电源掉电等。

第二、屏蔽中断(INTR)：该中断受 IF 的限制，即屏蔽中断是否被 CPU 响应受 CPU 中断的开放情况的控制。如果 CPU 开中断(IF=1)，则屏蔽中断可被 CPU 响应；如果 CPU 关中断(IF=0)，则屏蔽中断不能被 CPU 响应。这是一般输入输出设备的中断。

第三、CPU 的 IF 状态可由指令进行设置。STI 使 IF=1；CLI 使 IF=0。

第四、如果非屏蔽中断源或屏蔽中断源多于一个，则通常将多个非屏蔽中断源通过中断控制芯片 8259 接 8086/8088 的非屏蔽中断请求输入端 NMI；将多个屏蔽中断源通过中断控制芯片 8259 接 8086/8088 的屏蔽中断请求输入端 INTR。

内部中断源：

如果中断信号来自 CPU 的内部，称内部中断源，内部中断源引起的中断称为内中断。

第一、除法出错中断：当除数为“0”或商过大时将产生除法出错中断。

第二、溢出中断(INTO)：执行该指令时，如果 OF=1 则产生中断，否则不产生中断；而执行 INT 4 时不管 OF 的状态，直接产生溢出中断。

第三、单步中断：如果 TF=1，CPU 进入单步工作方式，即每执行一条指令 CPU 都停下来等待用户检查执行结果，然后再执行。这是用户调试程序的强有力的手段，TF=0 不是单步工作方式。

第四、软中断指令 INT n：为了提高用户的编程效率，系统提供了两组专用于输入、输出、文件处理的功能子程序供用户直接调用，一组在 ROM BIOS 中；另一组在 MS_DOS 系统中。用户只须使用软中断指令通过适当的方式就可以很方便的调用它们。

②中断类型码

8086/8088 为每一个中断源分配一个中断类型码，当中断发生时，系统将根据中断源的中断类型码在中断向量表中找到该中断源的中断服务程序入口地址，从而转向对应的中断服务程序。

中断类型码中有些是系统专用的，另外一些可以由用户自己通过 8259 来编程确定，用户自行确定的中断类型码范围为 32～255 号。

(3)中断向量表

为了在中断发生时，CPU 执行程序的方向顺利地转到相应的中断服务程序的入口，系统事先将所有中断源的中断服务程序的入口地址存储到内存 0000：0000H－0000：03FFH 中，如图 6-1 所示：

从图中可以看出，只要知道了中断源的中断类型码，就可以从中断向量表中知道中断服务程序入口地址表地址，从而可以知道中断服务程序入口地址，最后转向中断服务程序。它们的关系是：

IP_LOW ←[中断类型码 * 4]
IP_HIGH ←[中断类型码 * 4 ＋ 1]
CS_LOW ←[中断类型码 * 4 ＋ 2]
CS_HIGH ←[中断类型码 * 4 ＋ 3]

而中断类型码是在中断发生时由 CPU 自动获取的，所以只要设好了中断向量表，中断发生时 CPU 就能自动响应中断，转向中断服务程序。

入口地址表地址	M	
0000：0000H	中断服务程序入口地址 IP 低 8 位	中断类型码：0
0000：0001H	中断服务程序入口地址 IP 高 8 位	
0000：0002H	中断服务程序入口地址 CS 低 8 位	
0000：0003H	中断服务程序入口地址 CS 高 8 位	
0000：0004H	中断服务程序入口地址 IP 低 8 位	中断类型码：1
0000：0005H	中断服务程序入口地址 IP 高 8 位	
0000：0006H	中断服务程序入口地址 CS 低 8 位	
0000：0007H	中断服务程序入口地址 CS 高 8 位	
0000：0008H	中断服务程序入口地址 IP 低 8 位	中断类型码：2
0000：0009H	中断服务程序入口地址 IP 高 8 位	
0000：000AH	中断服务程序入口地址 CS 低 8 位	
0000：000BH	中断服务程序入口地址 CS 高 8 位	
	⋮	
	中断服务程序入口地址 IP 低 8 位	中断类型码：n
	中断服务程序入口地址 IP 高 8 位	
	中断服务程序入口地址 CS 低 8 位	
	中断服务程序入口地址 CS 高 8 位	
	⋮	
0000：03F8H	中断服务程序入口地址 IP 低 8 位	中断类型码：254
0000：03F9H	中断服务程序入口地址 IP 高 8 位	
0000：03FAH	中断服务程序入口地址 CS 低 8 位	
0000：03FBH	中断服务程序入口地址 CS 高 8 位	
0000：03FCH	中断服务程序入口地址 IP 低 8 位	中断类型码：255
0000：03FDH	中断服务程序入口地址 IP 高 8 位	
0000：03FEH	中断服务程序入口地址 CS 低 8 位	
0000：03FFH	中断服务程序入口地址 CS 高 8 位	

图 6-1　中断向量表入口地址

(4)中断优先级

优先级问题

在系统的众多中断源中,根据它们的轻重缓急分配一个处理的先后顺序,称为优先级。这样,当某一时刻有多个中断源同时申请中断时,CPU 将自动选择优先级最高的中断源进行处理,优先级最高的中断源处理完之后才处理优先级较低的中断源。

当 CPU 正在处理低级中断时,如果有更高级的中断请求发生,CPU 将中止低级的中断处理,而为高级中断源服务,在高级中断源的中断处理完毕之后,再返回继续进行原来的低级中断处理,这就是中断的嵌套。

优先级顺序

从高到低的顺序为:

除法出错、INT n、INTO、NMI、INTR、单步中断。

(5)中断过程

中断请求

CPU 响应中断的前提是必须要有中断源提出中断请求,不同的中断源产生中断请求的条件各不相同,输入设备在待输入一个字符时请求中断;输出设备在待输出一个字符时请求中断;除法出错中断是在除数为“0”或商过大时请求中断。

中断响应

CPU 在每一条指令执行完后都要查询是否有中断请求,如有,则将按各中断源优先级的顺序进行查询,查询到有中断请求的中断源,然后读取中断类型码,由 CPU 自动完成如下操作后转向相应的中断服务程序。

①IF、TF 置“0”,避免 CPU 正在进行下列操作时响应其它中断;

②FR 压入堆栈;

③CS、IP(断点,相当于子程序调用的调用点)压入堆栈;

④IP_LOW ← [中断类型码 * 4]

　IP_HIGH ← [中断类型码 * 4 + 1]

　CS_LOW ← [中断类型码 * 4 + 2]

　CS_HIGH ← [中断类型码 * 4 + 3]

转中断服务程序。中断处理

实际上就是中断服务子程序,体现该中断发生后要求处理的具体内容,各中断源的要求是各不相同的,但其基本结构是相似的,结构如下:

中断服务程序名 PROC FAR

保护现场指令序列

CPU 开中断(如果允许中断嵌套)

中断处理指令序列

恢复现场指令序列

中断返回指令(IRET)

中断服务程序名 ENDP

中断返回

中断返回是由指令 IRET 完成的，其具体操作为：

IP_LOW ← [SP + 0]
IP_HIGH ← [SP + 1]
CS_LOW ← [SP + 2]
CS_HIGH ← [SP + 3]

FR 弹出堆栈

最后 SP 复原。

实验一　中断实验(综合型实验)

一、实验要求和目的

1. 熟悉中断的相关知识；
2. 熟悉 MS-DOS 中有关程序驻留与设置中断向量的功能调用；
3. 掌握中断处理程序的设计方法。

二、软硬件环境

1. 硬件环境：微机 CPU 586 以上，128GB 以上硬盘，2GB 以上内存；
2. 软件环境：装有 MASM 5.0、DEBUG、LINK 和 EDIT 等应用程序。

三、实验涉及的主要知识单元

(一)中断服务程序结构

(1)设置中断向量；

(2)中断服务程序驻留；

(3)中断处理；

(4)主程序；

(二)中断服务程序编写示例

编写一个中断服务程序及相应的主程序，当 INT 31H 发生时模拟中断的全过程，在中断服务程序中给出相应的提示。

```
data            segment
ms1     db 'Interrupt Server Program '
        db 'Handler Installed!  $'
data    ends
stack1  segment stack
        dw 20h dup(?)
stack1  ends
code    segment
        assume cs:code,ds:data,ss:stack1
start:  mov ax,cs
        mov ds,ax    ;中断服务程序入口地址段基址
        lea dx,divzer   ;中断服务程序入口地址段内偏移量
        mov ax,2531h
        int 21h   ;在中断向量表中设置中断服务程序入口地址(用 DE-
BUG 看)
        mov ax,data
        mov ds,ax
        mov dx,offset ms1
        mov ah,9
        int 21h   ;显示中断服务程序已经安装
        mov dx,21h   ;PSP+数据段+堆栈段+代码段
                     ;(100H+30H+40H+97H)字节
mov ax,3103h
        int 21h   ;安装中断服务程序
ms2     db 'Has went to interrupt server program'
        db 0dh,0ah,'Continue or Quit(C/Q)?  $'
divzer  proc far  ;中断服务程序
        sti   ;CPU 开中断
        push ax
        push bx
        push cx
        push dx
        push si
        push di
        push bp
        push ds
```

```
            push es    ;保护现场
            mov ax,cs
            mov ds,ax    ;设置 DS
            mov dx,offset ms2
            mov ah,9
            int 21h    ;显示提示信息,表示已转中断服务程序
next:       mov ah,8
            int 21h    ;无回显输入字符,以选择方向
            cmp al,'C'
            je contin
            cmp al,'c'
            je contin
            cmp al,'Q'
            je exit
            cmp al,'q'
            je exit
            jmp next
exit:       mov ah,4ch
            int 21h    ;输入"Q"或"q"返回 DOS
contin:     pop es
            pop ds
            pop bp
            pop di
            pop si
            pop dx
            pop cx
            pop bx
            pop ax    ;恢复现场
            iret    ;输入"C"或"c"中断返回继续原程序
divzer      endp
code        ends
            end start
```

用于验证上述中断服务程序的主程序:

```
code        segment
            assume cs:code
```

```
start:          int 31h   ;发生 31H 号中断,转中断服务程序
                mov ah,2   ;如果选择继续,中断返回后要执行的程序
                mov dl,0ah
                int 21h   ;换行
                mov dl,0dh
                int 21h   ;回车
                mov dl,'Y'
                int 21h   ;显示"Y",表示中断已返回
                mov ah,4ch
                int 21h
code            ends
                end start
```

四、实验内容与步骤

(一)实验内容

(1)编写主程序程序,从键盘输入一个字符串;

(2)编写中断服务程序,当 INT 33H 发生时将输入字符串中的所有小定字符转换为大定字符并显示该字符串,然后返回主程序。

(二)实验步骤

(1)预习中断、MS－DOS 功能调用的相关知识,根据实验内容,画出流程图;

(2)利用 EDIT 或其他编辑软件,编写汇编源程序,取名为"ch6ex1. ASM(主程序)"、"ch6ex2. ASM(中断服务程序)";

(3)汇编、连接该源程序,产生"ch6ex1. EXE"、"ch6ex2. EXE";

(4)运行"ch6ex2. EXE"驻留中断服务程序,利用 DEBUG 查看内存 0000:00CCH 双字单元内容(中断程序入口地址);

(5) 用 U 命令从中断服务程序入口地址开始验证是否是中断服务程序;

(6) 运行 ch6ex1. ASM,查看结果是否正确。

五、实验要求与提示

1. 画出各程序流程图;
2. 列出程序清单,加上适量注释;
3. 回答思考问题;
4. 记录实验结果。

六、思考与练习

1. 中断向量表位于内存的什么位置，其作用是什么？
2. 中断服务程序入口地址在中断向量表中的位置与中断类型码有何关系？
3. 中断发生之后 CPU 自动完成哪些工作？

实验二　学生成绩管理系统设计实验（综合型实验）

一、实验要求和目的

1. 熟悉汇编语言程序结构；
2. 熟悉 INT 21H 的文件操作功能调用；
3. 熟悉 INT 21H 的 1、9 号功能和 INT 10H 常用功能的使用方法；
4. 掌握多模块程序设计方法。

二、软硬件环境

1. 硬件环境：微机 CPU 586 以上，128GB 以上硬盘，2GB 以上内存；
2. 软件环境：装有 MASM 5.0、DEBUG、LINK 和 EDIT 等应用程序。

三、实验涉及的主要知识单元

对于一个复杂的程序，往往是分成若干个模块设计的，然后用 LINK 将它们连接成一个完整的程序。这些模块之间是相互联系的，如变量、标号、符号的相互引用等，为了引用，必须先对它们进行说明。

一个变量、标号、符号，如果未作说明，则它们是局部标识符，只能供本模块使用，只有将它们说明成全局标识符之后，才能为其它模块所使用。

（一）全局标识符说明伪指令 PUBLIC

（1）格式

PUBLIC 标识符 1，标识符 2，标识符 n。

（2）功能

将其后的标识符说明为全局标识符，以便在其它模块中引用。该指令可出现在源程序的任意位置上。

(二)全局标识符引用说明伪指令 EXTRN

(1)格式

EXTRN 标识符 1:类型,标识符 2:类型,标识符 n:类型。

其中类型为:

变量名:BYTE、WORD、DWORD。

标号或过程名:FAR、NEAR。

符号名:ABS。

(2)功能

对本模块将要引用的其它模块的标识符进行说明,否则不能引用。

四、实验内容与步骤

(一)实验内容

设计一个学生成绩管理系统,要求完成文件建立、学生成绩录入、显示指定学号的学生记录、删除一个学生的记录、修改学生记录、返回等工作。学生成绩包括学号(XH)、姓名(XM)、数学(SX)、语文(YW)、外语(WY)字段。

(二)实验步骤

(1)编写主程序 main. asm,实现如图 6-2 所示菜单,汇编产生目标程序 main. obj;

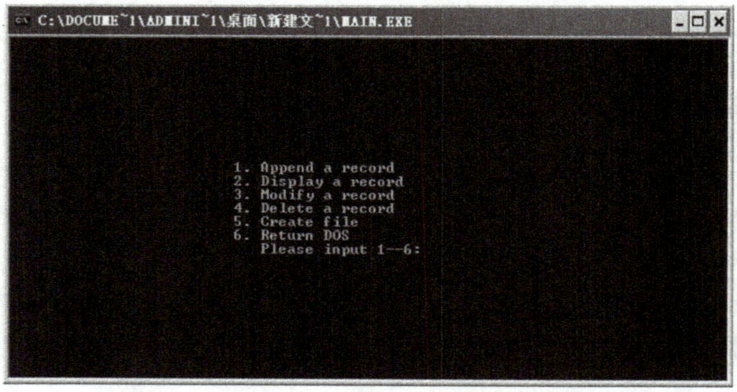

图 6-2 主菜单

(2)编写文件创建程序 create. asm,实现在指定盘指定文件夹下建立一个指定名称的文件,汇编产生目标程序 create. obj,界面如图 6-3 所示;

图 6-3　文件创建

(3)编写成绩录入程序 append.asm,实现在指定文件尾部插入一个学生的成绩,汇编产生目标程序 append.obj,界面如图 6-4 所示;

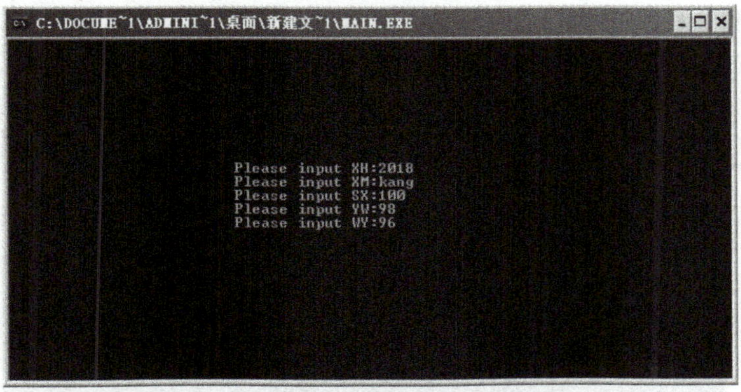

图 6-4　成绩录入

(4)编写显示程序 display.asm,实现按指定学号显示一个学生的记录,汇编产生目标程序 display.obj,界面如图 6-5 所示;

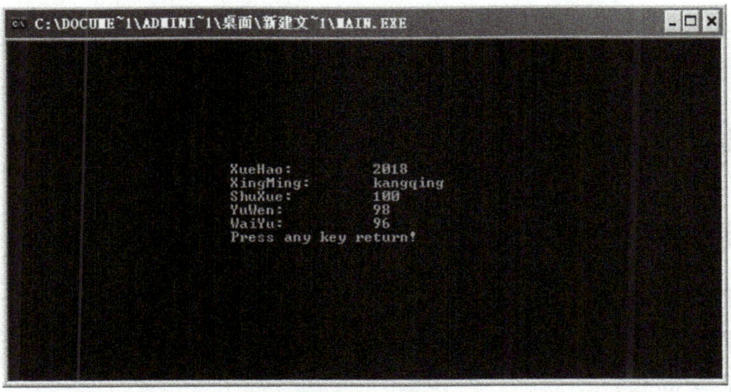

图 6-5　显示

(5)编写修改程序 modify. asm，实现按指定学号修改一个学生的记录字段(不需修改直接回车)，汇编产生目标程序 modify. obj，界面如图 6-6 所示；

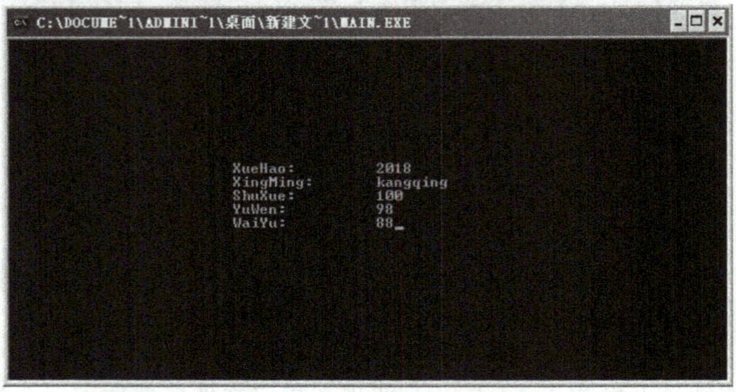

图 6-6 修改

(6)编写删除程序 delete. asm，实现按指定学号删除一个学生的记录，汇编产生目标程序 delete. obj，界面如图 6-7 所示；

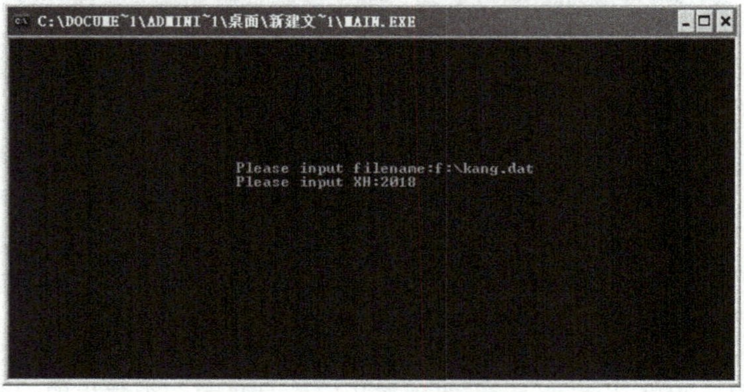

图 6-7 删除

(7)连接 main. obj、create. obj、append. obj、modify. obj、display. obj、delete. obj 产生可执行文件 main. exe。

五、实验要求与提示

(一)实验要求

(1)画出各程序流程图；

(2)列出程序清单，加上适量注释；

(3)回答思考问题；

(4)记录实验结果。

(二)实验提示

(1)用 INT 21H 的 1 号功能输入字符串时可用回车键作为输入结束标志;

(2)创建文件时可以班为单位进行,可以指定文件名的盘符、路径等。

六、思考与练习

1. INT 21H 的 9 号功能与 INT 10H 各有何特点?

2. 如何用 INT 10H 实现清屏的功能?

3. 文件在使用之前为何要打开?使用后为何要关闭?怎样计算文件的长度和移动文件的读写指针?

七、参考程序

1. Main. asm

```
            extrn append:far,display:far,modify:far,delete:far,create:far
data        segment
da          db '1. Append a record    $'
            db '2. Display a record    $'
            db '3. Modify a record    $'
            db '4. Delete a record    $'
            db '5. Create file    $'
            db '6. Return DOS    $'
            db ' Please input  1--6:$'
data        ends
stack1      segment stack
            dw 100 dup(?)
stack1      ends
code        segment
            assume cs:code,ds:data
start:      mov ax,data
            mov ds,ax
next1:      mov ah,6
            mov al,0
            mov bh,7
```

```
        mov cx,0
        mov dx,184fh
        int 10h
        mov si,0
        mov cx,7
        mov dh,9
        mov dl,19h
next2:  mov ah,2
        mov bh,0
        int 10h
        push dx
        lea dx,da
        add dx,si
        mov ah,9
        int 21h
        pop dx
        inc dh
        add si,16h
        loop next2
        mov ah,1
        int 21h
        cmp al,31h
        jz appe
        cmp al,32h
        jz disp
        cmp al,33h
        jz modi
        cmp al,34h
        jz dele
        cmp al,35h
        jz crea
        cmp al,36h
        jz exit0
        jmp next1
```

```
appe:       call append
            jmp next1
disp:       call display
            jmp next1
modi:       call modify
            jmp next1
dele:       call delete
            jmp next1
crea:       call create
            jmp next1
exit0:      mov ah,4ch
            int 21h
code        ends
            end start
```

2. Create. asm

```
            public create
data        segment
buffer      db ?
path        db 100 dup(0)
handle      dw ?
da          db "Please input filename: $ "
data        ends
code        segment
create      proc far
            assume cs:code,ds:data,es:data
start:      push ds
            mov ax,data
            mov ds,ax
            mov es,ax
            mov ah,6
            mov al,0
            mov bh,7
            mov cx,0
            mov dx,184fh
            int 10h
```

```
            mov dh,9
            mov dl,19h
            mov ah,2
            mov bh,0
            int 10h
            lea dx,da
            mov ah,9
            int 21h
            lea di,path
next1:      mov ah,1
            int 21h
            cmp al,0dh
            jz exit0
            mov [di],al
            inc di
            jmp next1
exit0:      lea dx,path
            mov ah,3ch
            mov cx,0
            int 21h
            mov handle,ax
            mov ah,40h
            mov bx,handle
            mov cx,0
            mov dx,offset buffer
            int 21h
            mov ah,3eh
            mov bx,handle
            int 21h
            pop ds
            ret
create      endp
code        ends
            end
```

3. Append. asm

```
            public append
data        segment
person      struct
xh          db "$$$$$$$$$$$$$$$$"
name        db "$$$$$$$$$$$$$$$$"
maths       db "$$$$$$$$$$$$$$$$"
chinese     db "$$$$$$$$$$$$$$$$"
english     db "$$$$$$$$$$$$$$$$"
            db "$$$$$$$$$$$$$$$$"
person      ends
buffer      person <>
path        db 32 dup(0)
handle      dw ?
da0         db "Please input filename: $"
da          db "Please input XH: $"
            db "Please input XM: $"
            db "Please input SX: $"
            db "Please input YW: $"
            db "Please input WY: $"
data        ends
code        segment
append      proc far
            assume cs:code,ds:data,es:data
start:      push ds
            mov ax,data
            mov ds,ax
            mov es,ax
            mov ah,6
            mov al,0
            mov bh,7
            mov cx,0
            mov dx,184fh
```

```
              int 10h
              mov dh,9
              mov dl,19h
              mov ah,2
              mov bh,0
              int 10h
              lea dx,da0
              mov ah,9
              int 21h
              lea di,path
next1:        mov ah,1
              int 21h
              cmp al,0dh
              jz exit0
              mov [di],al
              inc di
              jmp next1
exit0:        mov ah,6
              mov al,0
              mov bh,7
              mov cx,0
              mov dx,184fh
              int 10h
              mov bx,0
              mov si,0
              mov cx,5
              mov dh,9
              mov dl,19h
next2:        mov ah,2
              mov bh,0
              int 10h
              push dx
              lea dx,da
              add dx,si
              mov ah,9
```

```
            int 21h
            push bx
lop1:       mov ah,1
            int 21h
            cmp al,0dh
            jz exit1
            mov buffer[bx],al
            inc bx
            jmp lop1
exit1:      pop bx
            add bx,10h
            pop dx
            inc dh
            add si,11h
            loop next2
            lea dx,path
            mov ax,3d01h
            int 21h
            mov handle,ax
            mov cx,0
            mov dx,0
            mov bx,handle
            mov ax,4202h
            int 21h
            mov ah,40h
            mov bx,handle
            mov cx,type person
            mov dx,offset buffer
            int 21h
            mov ah,3eh
            mov bx,handle
            int 21h
            pop ds
            ret
append      endp
code        ends
            end
```

4. Display. asm

```
        public display
data    segment
path    db 32 dup(0)
buffer  db 8192 dup(0)
key     db 16 dup(0)
count1  dw ?
count2  dw ?
addr1   dw ?
handle  dw ?
f_size  dw ?
da0     db 'Please input filename: $'
da1     db 'Please input XH: $'
da2     db 'Cannot find,press any key return!  $'
da3     db 'XueHao:    $'
        db 'XingMing:    $'
        db 'ShuXue:    $'
        db 'YuWen:    $'
        db 'WaiYu:    $'
da4     db 'Press any key return!  $'
data    ends
code    segment
display proc far
        assume cs:code,ds:data,es:data
start:  push ds
        mov ax,data
        mov ds,ax
        mov es,ax
        mov ah,6
        mov al,0
        mov bh,7
        mov cx,0
        mov dx,184fh
```

```
        int 10h
        mov dh,9
        mov dl,19h
        mov ah,2
        mov bh,0
        int 10h
        lea dx,da0
        mov ah,9
        int 21h
        lea di,path
next1:  mov ah,1
        int 21h
        cmp al,0dh
        jz exit0
        mov [di],al
        inc di
        jmp next1
exit0:  mov dh,10
        mov dl,19h
        mov ah,2
        mov bh,0
        int 10h
        lea dx,da1
        mov ah,9
        int 21h
        mov bx,0
        lea di,key
next2   :mov ah,1
        int 21h
        cmp al,0dh
        jz exit1
        mov [di],al
        inc di
        inc bx
        jmp next2
```

```
exit1:      mov count1,bx
            lea dx,path
            mov al,0
            mov ah,3dh
            int 21h
            mov handle,ax
            mov ah,42h
            mov al,2
            mov bx,handle
            mov cx,0
            mov dx,0
            int 21h
            mov f_size,ax
            mov ah,42h
            mov al,0
            mov cx,0
            mov dx,0
            int 21h
            mov ah,3fh
            mov bx,handle
            mov cx,f_size
            lea dx,buffer
            int 21h
            mov ah,3eh
            mov bx,handle
            int 21h
            mov dx,0
            mov ax,f_size
            mov bx,80
            div bx
            mov count2,ax
            mov dx,count2
            mov bx,offset buffer
next4:      mov si,-1
            mov di,-1
```

```
            mov cx,count1
next3:      inc si
            inc di
            mov al,key[di]
            cmp al,[bx+si]
            loopz next3
            jz found
            add bx,80
            dec dx
            jnz next4
            mov ah,6
            mov al,0
            mov bh,7
            mov cx,0
            mov dx,184fh
            int 10h
            mov dh,9
            mov dl,19h
            mov ah,2
            mov bh,0
            int 10h
            lea dx,da2
            mov ah,9
            int 21h
            mov ah,8
            int 21h
            jmp return
found:      mov addr1,bx
            mov ah,6
            mov al,0
            mov bh,7
            mov cx,0
            mov dx,184fh
            int 10h
            ;mov bx,0
```

```
        mov si,0
        mov cx,5
        mov dh,9
        mov dl,19h
next5:  mov ah,2
        mov bh,0
        int 10h
        push dx
        lea dx,da3
        add dx,si
        mov ah,9
        int 21h
        mov dx,addr1
        add addr1,16
        mov ah,9
        int 21h
        pop dx
        inc dh
        add si,11h
        loop next5
        mov ah,2
        mov bh,0
        int 10h
        lea dx,da4
        mov ah,9
        int 21h
        mov ah,8
        int 21h
return: pop ds
        ret
display endp
code    ends
        end
```

5. modify. asm

```
        public modify
data    segment
path    db 32 dup(0)
buffer  db 8192 dup(0)
key     db 16 dup(0)
count1  dw ?
count2  dw ?
addr1   dw ?
handle  dw ?
f_size  dw ?
da0     db 'Please input filename: $'
da1     db 'Please input XH: $'
da2     db 'Cannot find,press any key return!  $'
da3     db 'XueHao:   $'
        db 'XingMing:   $'
        db 'ShuXue:   $'
        db 'YuWen:   $'
        db 'WaiYu:   $'
da4     db 'Success,Press any key return!  $'
data    ends
code    segment
modify  proc far
        assume cs:code,ds:data,es:data
start:  push ds
        mov ax,data
        mov ds,ax
        mov es,ax
        mov ah,6
        mov al,0
        mov bh,7
        mov cx,0
        mov dx,184fh
```

```
          int 10h
          mov dh,9
          mov dl,19h
          mov ah,2
          mov bh,0
          int 10h
          lea dx,da0
          mov ah,9
          int 21h
          lea di,path
next1:    mov ah,1
          int 21h
          cmp al,0dh
          jz exit0
          mov [di],al
          inc di
          jmp next1
exit0:    mov dh,10
          mov dl,19h
          mov ah,2
          mov bh,0
          int 10h
          lea dx,da1
          mov ah,9
          int 21h
          mov bx,0
          lea di,key
next2:    mov ah,1
          int 21h
          cmp al,0dh
          jz exit1
          mov [di],al
          inc di
          inc bx
          jmp next2
```

```
exit1:      mov count1,bx
            lea dx,path
            mov al,2
            mov ah,3dh
            int 21h
            mov handle,ax
            mov ah,42h
            mov al,2
            mov bx,handle
            mov cx,0
            mov dx,0
            int 21h
            mov f_size,ax
            mov ah,42h
            mov al,0
            mov cx,0
            mov dx,0
            int 21h
            mov ah,3fh
            mov bx,handle
            mov cx,f_size
            lea dx,buffer
            int 21h
            mov dx,0
            mov ax,f_size
            mov bx,80
            div bx
            mov count2,ax
            mov dx,count2
            mov bx,offset buffer
next4:      mov si,-1
            mov di,-1
            mov cx,count1
next3:      inc si
            inc di
```

```
            mov al,key[di]
            cmp al,[bx+si]
            loopz next3
            jz found
            add bx,80
            dec dx
            jnz next4
            mov ah,6
            mov al,0
            mov bh,7
            mov cx,0
            mov dx,184fh
            int 10h
            mov dh,9
            mov dl,19h
            mov ah,2
            mov bh,0
            int 10h
            lea dx,da2
            mov ah,9
            int 21h
            mov ah,8
            int 21h
            jmp return
found:      mov addr1,bx
            mov ah,6
            mov al,0
            mov bh,7
            mov cx,0
            mov dx,184fh
            int 10h
            mov si,0
            mov cx,5
            mov dh,9
            mov dl,19h
```

```
next5:      mov ah,2
            mov bh,0
            int 10h
            push dx
            lea dx,da3
            add dx,si
            mov ah,9
            int 21h
            mov dx,addr1
            mov ah,9
            int 21h
            pop dx
            push dx
            add dl,16
            mov ah,2
            mov bh,0
            int 10h
            mov bx,addr1
            add addr1,16
lop1:       mov ah,1
            int 21h
            cmp al,0dh
            jz exit2
            mov [bx],al
            inc bx
            jmp lop1
exit2:      pop dx
            inc dh
            add si,11h
            loop next5
            mov ah,42h
            mov al,0
            mov bx,handle
            mov cx,0
            mov dx,0
```

```
          int 21h
          mov ah,40h
          mov bx,handle
          mov cx,f_size
          mov dx,offset buffer
          int 21h
          mov ah,6
          mov al,0
          mov bh,7
          mov cx,0
          mov dx,184fh
          int 10h
          mov dh,9
          mov dl,19h
          mov ah,2
          mov bh,0
          int 10h
          lea dx,da4
          mov ah,9
          int 21h
          mov ah,8
          int 21h
return:   mov ah,3eh
          mov bx,handle
          int 21h
          pop ds
          ret
modify    endp
code      ends
          end
```

6.Delete.asm

```
            public delete
data        segment
path        db 32 dup(0)
buffer      db 8192 dup(0)
key         db 16 dup(0)
count1      dw ?
count2      dw ?
addr1       dw ?
handle      dw ?
f_size      dw ?
da0         db 'Please input filename: $'
da1         db 'Please input XH: $'
da2         db 'Cannot find,press any key return!  $'
da3         db 'Success.Press any key return!  $'
data        ends
code        segment
delete      proc far
            assume cs:code,ds:data,es:data
start:      push ds
            mov ax,data
            mov ds,ax
            mov es,ax
            mov ah,6
            mov al,0
            mov bh,7
            mov cx,0
            mov dx,184fh
            int 10h
            mov dh,9
            mov dl,19h
            mov ah,2
            mov bh,0
```

```
        int 10h
        lea dx,da0
        mov ah,9
        int 21h
        lea di,path
next1:  mov ah,1
        int 21h
        cmp al,0dh
        jz exit0
        mov [di],al
        inc di
        jmp next1
exit0:  mov dh,10
        mov dl,19h
        mov ah,2
        mov bh,0
        int 10h
        lea dx,da1
        mov ah,9
        int 21h
        mov bx,0
        lea di,key
next2:  mov ah,1
        int 21h
        cmp al,0dh
        jz exit1
        mov [di],al
        inc di
        inc bx
        jmp next2
exit1:  mov count1,bx
        lea dx,path
        mov al,2
        mov ah,3dh
        int 21h
```

```
          mov handle,ax
          mov ah,42h
          mov al,2
          mov bx,handle
          mov cx,0
          mov dx,0
          int 21h
          mov f_size,ax
          mov ah,42h
          mov al,0
          mov cx,0
          mov dx,0
          int 21h
          mov ah,3fh
          mov bx,handle
          mov cx,f_size
          lea dx,buffer
          int 21h
          mov dx,0
          mov ax,f_size
          mov bx,80
          div bx
          mov count2,ax
          mov dx,count2
          mov bx,offset buffer
next4:    mov si,-1
          mov di,-1
          mov cx,count1
next3:    inc si
          inc di
          mov al,key[di]
          cmp al,[bx+si]
          loopz next3
          jz found
          add bx,80
```

```
          dec dx
          jnz next4
          mov ah,6
          mov al,0
          mov bh,7
          mov cx,0
          mov dx,184fh
          int 10h
          mov dh,9
          mov dl,19h
          mov ah,2
          mov bh,0
          int 10h
          lea dx,da2
          mov ah,9
          int 21h
          mov ah,8
          int 21h
          jmp return
found:    mov addr1,bx
          mov ah,42h
          mov al,0
          mov bx,handle
          mov cx,0
          mov dx,addr1
          mov si,offset buffer
          sub dx,si
          push dx
          int 21h
          mov ah,40h
          mov bx,handle
          mov cx,f_size
          pop dx
          sub cx,dx
          sub cx,80
```

```
            mov dx,addr1
            add dx,80
            int 21h
            mov ah,6
            mov al,0
            mov bh,7
            mov cx,0
            mov dx,184fh
            int 10h
            mov dh,9
            mov dl,19h
            mov ah,2
            mov bh,0
            int 10h
            lea dx,da3
            mov ah,9
            int 21h
            mov ah,8
            int 21h
return:     mov ah,3eh
            mov bx,handle
            int 21h
            pop ds
            ret
delete      endp
code        ends
            end
```

附 录

附录一 8086 指令系统一览表

类型	汇编指令格式	功 能	操作数说明	时钟周期数	字节数
数据传送类	MOV dst, src	(dst)←(src)	mem, reg	9+EA	2 ~ 4
			reg, mem	8+EA	2 ~ 4
			reg, reg	2	2
			reg, imm	4	2 ~ 3
			mem, imm	10+EA	3 ~ 6
			seg, reg	2	2
			seg, mem	8+EA	2 ~ 4
			mem, seg	9+EA	2 ~ 4
			reg, seg	2	2
			mem, acc	10	3
			acc, mem	10	3
	PUSH src	(SP)←(SP)−2	reg	11	1
		((SP)+1, (SP))←(src)	seg	10	1
			mem	16+EA	2 ~ 4
	POP dst	(dst)←((SP)+1, (SP))	reg	8	1
		(SP)←(SP)+2	seg	8	1
			mem	17+EA	2 ~ 4
	XCHG op1, op2	(op1)↔(op1)	reg, mem	17+EA	2 ~ 4
			reg, reg	4	2
			reg, acc	3	1
	IN acc, port	(acc)←(port)		10	2
	IN acc, DX	(acc)←((DX))		8	1
	OUT port, acc	(port)←(acc)		10	2
	OUT DX, acc	((DX))←(acc)		8	1
	XLAT		11	1	
	LEA reg, src	(reg)←src	reg, mem	2+EA	2 ~ 4
	LDS reg, src	(reg)←src (DS)←(src+2)	reg, mem	16+EA	2 ~ 4

续表

类型	汇编指令格式	功　能	操作数说明	时钟周期数	字节数
数据传送类	LES reg，src	(reg)←src (ES)←(src+2)	reg，mem	16+EA	2 ～ 4
	LAHF	(AH)←(FR 低字节)		4	1
	SAHF	(FR 低字节)←(AH)	4	1	
	PUSHF	(SP)←(SP)－2 ((SP)+1，(SP))←(FR 低字节)		10	1
	POPF	(FR 低字节)←((SP)+1，(SP)) (SP)←(SP)＋2		8	1
算术运算类	ADD dst，src	(dst)←(src) ＋ (dst)	mem，reg reg，mem reg，reg reg，imm mem，imm acc，imm	16+EA 9+EA 3 4 17+EA 4	2 ～ 4 2 ～ 4 2 3 ～ 4 3 ～ 6 2 ～ 3
	ADC dst，src	(dst)←(src) ＋ (dst) ＋ CF	mem，reg reg，mem reg，reg reg，imm mem，imm acc，imm	16+EA 9+EA 3 4 17+EA 4	2 ～ 4 2 ～ 4 2 3 ～ 4 3 ～ 6 2 ～ 3
	INC op1	(op1)←(op1)＋1	reg mem	2 ～ 3 15+EA	1 ～ 2 2 ～ 4
	SUB dst，src	(dst)←(src) － (dst)	mem，reg reg，mem reg，reg reg，imm mem，imm acc，imm	16+EA 9+EA 3 4 17+EA 4	2 ～ 4 2 ～ 4 2 3 ～ 4 3 ～ 6 2 ～ 3
	SBB dst，src	(dst)←(src) － (dst) － CF	mem，reg reg，mem reg，reg reg，imm mem，imm acc，imm	16+EA 9+EA 3 4 17+EA 4	2 ～ 4 2 ～ 4 2 3 ～ 4 3 ～ 6 2 ～ 3
	DEC op1	(op1)←(op1) － 1	reg mem	2 ～ 3 15+EA	1 ～ 2 2 ～ 4
	NEG op1	(op1)←0 － (op1)	reg mem	3 16+EA	2 2 ～ 4

续表

类型	汇编指令格式	功　能	操作数说明	时钟周期数	字节数
算术运算类	CMP op1，op2	(op1) − (op2)	mem，reg	9+EA	2～4
			reg，mem	9+EA	2～4
			reg，reg	3	2
			reg，imm	4	3～4
			mem，imm	10+EA	3～6
			acc，imm	4	2～3
	MUL src	(AX)←(AL) * (src)	8位reg	70～77	2
			8位mem	(76～83)+EA	2～4
		(DX，AX)←(AX) * (src)	16位reg	118～133	2
			16位mem	(124～139)+EA	2～4
	IMUL src	(AX)←(AL) * (src)	8位reg	80～98	2
			8位mem	(86～104)+EA	2～4
		(DX，AX)←(AX) * (src)	16位reg	128～154	2
			16位mem	(134～160)+EA	2～4
	DIV src	(AL)←(AX)/(src)的商	8位reg	80～90	2
		(AH)←(AX)/(src)的余数	8位mem	(86～96)+EA	2～4
		(AX)←(DX，AX)/(src)的商	16位reg	144～162	2
		(DX)←(DX，AX)/(src)的余数	16位mem	(150～168)+EA	2～4
	IDIV src	(AL)←(AX)/(src)的商	8位reg	101～112	2
		(AH)←(AX)/(src)的余数	8位mem	(107～118)+EA	2～4
		(AX)←(DX，AX)/(src)的商	16位reg	165～184	2
		(DX)←(DX，AX)/(src)的余数	16位mem	(171～190)+EA	2～4
	DAA	(AL)←AL中的和调整为组合BCD		4	1
	DAS	(AL)←AL中的差调整为组合BCD		4	1
	AAA	(AL)←AL中的和调整为非组合BCD (AH)←(AH)+调整产生的进位值		4	1
	AAS	(AL)←AL中的差调整为非组合BCD (AH)←(AH)−调整产生的进位值		4	1
	AAM	(AX)←AX中的积调整为非组合BCD		83	2
	AAD	(AL)←(AH) * 10 + (AL) (AH)←0 (注意是除法进行前调整被除数)		60	2

续表

类型	汇编指令格式	功 能	操作数说明	时钟周期数	字节数
逻辑运算类	AND dst, src	(dst)←(dst)∧(src)	mem, reg	16+EA	2～4
			reg, mem	9+EA	2～4
			reg, reg	3	2
			reg, imm	4	3～4
			mem, imm	17+EA	3～6
			acc, imm	4	2～3
	OR dst, src	(dst)←(dst)∨(src)	mem, reg	16+EA	2～4
			reg, mem	9+EA	2～4
			reg, reg	3	2
			reg, imm	4	3～4
			mem, imm	17+EA	3～6
			acc, imm	4	2～3
	NOT op1	(op1)←$\overline{(op1)}$	reg	3	2
			mem	16+EA	2～4
	XOR dst, src	(dst)←(dst)⊕(src)	mem, reg	16+EA	2～4
			reg, mem	9+EA	2～4
			reg, reg	3	2
			reg, imm	4	3～4
			mem, imm	17+EA	3～6
			acc, imm	4	2～3
	TEST op1, op2	(op1)∧(op2)	reg, mem	9+EA	2～4
			reg, reg	3	2
			reg, imm	5	3～4
			mem, imm	11+EA	3～6
			acc, imm	4	2～3
	SHL op1, 1 SHL op1, CL	逻辑左移	reg	2	2
			mem	15+EA	2～4
			reg	8 + 4/bit	2
			mem	20+EA+ 4/bit	2～4
	SAL op1, 1 SAL op1, CL	算术右移	reg	2	2
			mem	15+EA	2～4
			reg	8 + 4/bit	2
			mem	20+EA+ 4/bit	2～4
	SHR op1, 1 SHR op1, CL	逻辑右移	reg	2	2
			mem	15+EA	2～4
			reg	8 + 4/bit	2
			mem	20+EA+ 4/bit	2～4

续表

类型	汇编指令格式	功　能	操作数说明	时钟周期数	字节数
逻辑运算类	SAR op1，1	算术右移	reg	2	2
			mem	15+EA	2～4
	SAR op1，CL		reg	8 + 4/bit	2
			mem	20+EA+ 4/bit	2～4
	ROL op1，1	循环左移	reg	2	2
			mem	15+EA	2～4
	ROL op1，CL		reg	8 + 4/bit	2
			mem	20+EA+ 4/bit	2～4
	ROR op1，1	循环右移	reg	2	2
			mem	15+EA	2～4
	ROR op1，CL		reg	8 + 4/bit	2
			mem	20+EA+ 4/bit	2～4
	RCL op1，1	带进位位的循环左移	reg	2	2
			mem	15+EA	2～4
	RCL op1，CL		reg	8 + 4/bit	2
			mem	20+EA+ 4/bit	2～4
	RCR op1，1	带进位位的循环右移	reg	2	2
			mem	15+EA	2～4
	RCR op1，CL		reg	8 + 4/bit	2
			mem	20+EA+ 4/bit	2～4
串操作类	MOVSB	((DI))←((SI)) (SI)←(SI)±1，(DI)←(DI)±1		不重复:18 重复:9+17/rep	1
	MOVSW	((DI))←((SI)) (SI)←(SI)±2，(DI)←(DI)±2		不重复:18 重复:9+17/rep	1
	STOSB	((DI))←(AL) (DI)←(DI)±1		不重复:11 重复:9+10/rep	1
	STOSW	((DI))←(AX) (DI)←(DI)±2		不重复:11 重复:9+10/rep	1
	LODSB	(AL)←((SI)) (SI)←(SI)±1		不重复:12 重复:9+13/rep	1
	LODSW	(AX)←((SI)) (SI)←(SI)±2		不重复:12 重复:9+13/rep	1
	CMPSB	((SI))－((DI)) (SI)←(SI)±1，(DI)←(DI)±1		不重复:22 重复:9+22/rep	1
	CMPSW	((SI))－((DI)) (SI)←(SI)±2，(DI)←(DI)±2		不重复:22 重复:9+22/rep	1
	SCASB	(AL)－((DI)) (DI)←(DI)±1		不重复:15 重复:9+15/rep	1
	SCASW	(AX)←((DI)) (DI)←(DI)±2		不重复:15 重复:9+15/rep	1

续表

类型	汇编指令格式	功　能	操作数说明	时钟周期数	字节数
操作类	REP string_instruc	(CX)＝0 退出重复，否则(CX)←(CX)－1 并执行其后的串指令		2	1
	REPE/REPZ string_instruc	(CX)＝0 或(ZF)＝0 退出重复，否则(CX)←(CX)－1 并执行其后的串指令		2	1
	REPNE/REPNZ string_instruc	(CX)＝0 或(ZF)＝1 退出重复，否则(CX)←(CX)－1 并执行其后的串指令		2	1
控制转移类	JMP SHORT op1	无条件转移		15	2
	JMP NEAR PTR op1			15	3
	JMP FAR PTR op1			15	5
	JMP WORD PTR op1		reg	11	2
	JMP DWORD PTR op1		mem	18＋EA	2 ～ 4
				24＋EA	2 ～ 4
	JZ/JE op1	ZF＝1 则转移		16/4	2
	JNZ/JNE op1	ZF＝0 则转移		16/4	2
	JS op1	SF＝1 则转移		16/4	2
	JNS op1	SF＝0 则转移		16/4	2
	JP/JPE op1	PF＝1 则转移		16/4	2
	JNP/JPO op1	PF＝0 则转移		16/4	2
	JC op1	CF＝1 则转移		16/4	2
	JNC op1	CF＝0 则转移		16/4	2
	JO op1	OF＝1 则转移		16/4	2
	JNO op1	OF＝0 则转移		16/4	2
	JB/JNAE op1	CF ＝1 且 ZF＝0 则转移		16/4	2
	JNB/JAE op1	CF ＝0 或 ZF＝1 则转移		16/4	2
	JBE/JNA op1	CF ＝1 或 ZF＝1 则转移		16/4	2
	JNBE/JA op1	CF ＝0 且 ZF＝0 则转移		16/4	2
	JL/JNGE op1	SF ⊕ OF＝1 则转移		16/4	2
	JNL/JGE op1	SF ⊕ OF＝0 则转移		16/4	2
	JLE/JNG op1	SF ⊕ OF＝1 或 ZF＝1 则转移		16/4	2
	JNLE/JG op1	SF ⊕ OF＝0 且 ZF＝0 则转移		16/4	2
	JCXZ op1	(CX) ＝ 0 则转移		18/6	2
	LOOP op1	(CX) ≠ 0 则循环		17/5	2
	LOOPZ/LOOPE op1	(CX) ≠ 0 且 ZF＝1 则循环		18/6	2
	LOOPNZ/LOOPNE op1	(CX) ≠ 0 且 ZF＝0 则循环		19/5	2

续表

类型	汇编指令格式	功　能	操作数说明	时钟周期数	字节数
控制转移类	CALL dst	段内直接:(SP)←(SP)−2 ((SP)+1，(SP))←(IP) (IP)←(IP) + D16		19	3
		段内间接:(SP)←(SP)−2 ((SP)+1，(SP))←(IP) (IP)←EA	reg mem	16 21+EA	2 2 ~ 4
		段间直接:(SP)←(SP)−2 ((SP)+1，(SP))←(CS) (SP)←(SP)−2 ((SP)+1，(SP))←(IP) (IP)←目的偏移地址 (CS)←目的段基址		28	5
		段间间接:(SP)←(SP)−2 ((SP)+1，(SP))←(CS) (SP)←(SP)−2 ((SP)+1，(SP))←(IP) (IP)←(EA) (CS)←(EA+2)		37+EA	2 ~ 4
	RET	段内:(IP)←((SP)+1，(SP)) (SP)←(SP)+2		16	1
		段间:(IP)←((SP)+1，(SP)) (SP)←(SP)+2 (CS)←((SP)+1，(SP)) (SP)←(SP)+2		24	1
	RET exp	段内:(IP)←((SP)+1，(SP)) (SP)←(SP)+2 (SP)←(SP)+D16		20	3
		段间:(IP)←((SP)+1，(SP)) (SP)←(SP)+2 (CS)←((SP)+1，(SP)) (SP)←(SP)+2 (SP)←(SP)+D16		23	3
	INT N INT	(SP)←(SP)−2 ((SP)+1，(SP))←(FR) (SP)←(SP)−2 ((SP)+1，(SP))←(CS) (SP)←(SP)−2 ((SP)+1，(SP))←(IP) (IP)←(type * 4) (CS)←(type * 4+2)	N≠3 (N=3)	51 52	2 1

续表

类型	汇编指令格式	功　能	操作数说明	时钟周期数	字节数
控制转移类	INTO	若 OF=1,则 (SP)←(SP)−2 ((SP)+1,(SP))←(FR) (SP)←(SP)−2 ((SP)+1,(SP))←(CS) (SP)←(SP)−2 ((SP)+1,(SP))←(IP) (IP)←(10H) (CS)←(12H)	53(OF=1) 4(OF=0)	1	
	IRET	(IP)←((SP)+1,(SP)) (SP)←(SP)+2 (CS)←((SP)+1,(SP)) (SP)←(SP)+2 (FR)←((SP)+1,(SP)) (SP)←(SP)+2		24	1
处理器控制类	CBW	(AL)符号扩展到(AH)		2	1
	CBD	(AX)符号扩展到(DX)		5	1
	CLC	CF 清 0		2	1
	CMC	CF 取反		2	1
	STC	CF 置 1		2	1
	CLD	DF 清 0		2	1
	STD	DF 置 1		2	1
	CLI	IF 清 0		2	1
	STI	IF 置 1		2	1
	NOP	空操作		3	1
	HLT	停机		2	1
	WAIT	等待		≥3	1
	ESC mem	换码		8+EA	2～4
	LOCK	总线封锁前缀		2	1
	seg:	段超越前缀		2	1

附录二　8086 指令对标志位的影响

一、对状态标志位的影响

指令类型	指　令	OF	SF	ZF	AF	PF	CF
加法、减法	ADD，ADC，SUB，SBB，CMP，NEG	↕	↕	↕	↕	↕	↕
字符串比较，搜索	CMPS，SCAS	↕	↕	↕	↕	↕	↕
增量，减量	INC，DEC	↕	↕	↕	↕	↕	↕
乘　法	MUL，IMUL	↕	×	×	×	×	↕
除　法	DIV，IDIV	×	×	×	×	×	×
十进制调整	DAA，DAS	×	↕	↕	↕	↕	↕
	AAA，AAS	×	×	×	↕	×	↕
	AAM，AAD	×	↕	↕	×	↕	×
逻辑运算	AND，OR，XOR，TEST	0	↕	↕	×	↕	0
移　位	SHL，SHR，SAL，SAR	↕	↕	↕	×	↕	↕
循环移位	ROL，ROR，RCL，RCR	↕	·	·	·	·	↕
恢复状态标志	POPF，IRET	↕	↕	↕	↕	↕	↕
	SAHF	·	↕	↕	↕	↕	↕
设置进位标志	STC	·	·	·	·	·	1
	CLC	·	·	·	·	·	0
	CMC	·	·	·	·	·	!

二、对控制标志位的影响

指令类型	指　令	DF	IF	TF
恢复控制标志	POPF，IRET	↕	↕	↕
中　断	INT，INTO	·	0	0
设置方向标志	STD	1	·	·
	CLD	0	·	·
设置中断标志	STI	·	1	·
	CLI	·	0	·

表中符号说明：↕：标志受指令操作的影响；　0：标志置 0；　1：标志置 1

·：标志不受操作的影响；　×：指令操作后标志不确定；　!：标志位变反。

附录三 8086宏汇编常用伪指令表

数据及结构定义	ASSUME	ASSUME segreg:seg_name[,…]	说明段所对应的段寄存器
	COMMENT	COMMENT delimiter_text	后跟注释(代替;)
	DB	[variable_name] DB operand_list	定义字节变量
	DD	[variable_name] DD operand_list	定义双字变量
	DQ	[variable_name] DQ operand_list	定义四字变量
	DT	[variable_name] DT operand_list	定义十字变量
	DW	[variable_name] DW operand_list	定义字变量
	DUP	DB/DD/DQ/DT/DW repeat_count DUP(operand_list)	变量定义中的重复从句
	END	END [lable]	源程序结束
	EQU	expression_name EQU expression	定义符号
	=	label = expression	赋值
	EXTRN	EXTRN name:type[,…] (type is: byte,word, dword or near, far)	说明本模块中使用的外部符号
	GROUP	name GROUP seg_name_list	指定段在64K的物理段内
	INCLUDE	INCLUDE filespec	包含其它源文件
	LABEL	name LABLE type (type is: byte,word,dword or near, far)	定义name的属性
	NAME	NAME module_name	定义模块名
	ORG	ORG expression	地址计数器置expression值
	PROC	procedure_name PROC type (type is: near or far)	定义过程开始
	ENDP	procedure_name ENDP	定义过程结束
	PUBLIC	PUBLIC symbol_list	说明本模块中定义的外部符号
	PURGE	PURGE expression_name_list	取消指定的符号(EQU定义)
	RECORD	record_name RECORD field_name:length[=preassignment][,…]	定义记录
	SEGMEMT	seg_name SEGMENT [align_type] [combine_type] ['class']	定义段开始
	ENDS	seg_name ENDS	定义段结束
	STRUC	structure_name STRUC structure_name ENDS	定义结构开始 定义结构结束

续表

条件汇编	IF	IF argument	定义条件汇编开始
	ELSE	ELSE	条件分支
	ENDIF	ENDIF	定义条件汇编结束
	IF	IF expression	表达式 expression 不为 0 则真
	IFE	IFE expression	表达式 expression 为 0 则真
	IF1	IF1	汇编程序正在扫描第一次为真
	IF2	IF2	汇编程序正在扫描第二次为真
	IFDEF	IFDEF symbol	符号 symbol 已定义则真
	IFNDEF	IFNDEF symbol	符号 symbol 未定义则真
	IFB	IFB < variable >	变量 variable 为空则真
	IFNB	IFNB < variable >	变量 variable 不为空则真
	IFIDN	IFIDN <string1> < string2>	字串 string1 与 string2 相同为真
	IFDIF	IFDIF < string1> < string2>	字串 string1 与 string2 不同为真
宏	MACRO	macro_name MACRO [dummy_list]	宏定义开始
	ENDM	macro_name ENDM	宏定义结束
	PURGE	PURGE macro_name_list	取消指定的宏定义
	LOCAL	LOCAL local_label_list	定义局部标号
	REPT	REPT expression	重复宏体次数为 expression
	IRP	IRP dummy,<argument_list >	重复宏体,每次重复用 argument_list 中的一项实参取代语句中的形参
	IRPC	IRPC dummy, string	重复宏体,每次重复用 string 中的一个字符取代语句中的形参
	EXITM	EXITM	立即退出宏定义块或重复块
	&	text&text	宏展开时合并 text 成一个符号
	;;	;;text	宏展开时不产生注释 text
列表控制	. CREF	. CREF	控制交叉引用文件信息的输出
	. XCREF	. XCREF	停止交叉引用文件信息的输出
	. LALL	. LALL	列出所有宏展开正文
	. SALL	. SALL	取消所有宏展开正文
	. XALL	. XALL	只列出产生目标代码的宏展开
	. LIST	. LIST	控制列表文件的输出
	. XLIST	. XLIST	不列出源和目标代码%
	OUT	%OUT text	汇编时显示 text
	PAGE	PAGE [operand_1] [operand_2]	控制列表文件输出时的页长和页宽
	SUBTTL	SUBTTL text	在每页标题行下打印副标题 text
	TITLE	TITLE text	在每页第一行打印标题 text

附录四 ASCII码表

	列	0	1	2	3	4	5	6	7
行	低 高	000	001	010	011	100	101	110	111
0	0000	NUL	DLE	SP	0	@	P	、	p
1	0001	SOH	DC1	!	1	A	Q	a	q
2	0010	STX	DC2	"	2	B	R	b	r
3	0011	ETX	DC3	#	3	C	S	c	s
4	0100	EOT	DC4	$	4	D	T	d	t
5	0101	ENQ	NAK	%	5	E	U	e	u
6	0110	ACK	SYN	&	6	F	V	f	v
7	0111	BEL	ETB	’	7	G	W	g	w
8	1000	BS	CAN	(	8	H	X	h	x
9	1001	HT	EM	)	9	I	Y	i	y
A	1010	LF	SUB	*	:	J	Z	j	z
B	1011	VT	ESC	+	;	K	[	k	{
C	1100	FF	FS	,	<	L	\	l	|
D	1101	CR	GS	—	=	M	]	m	}
E	1110	SO	RS	.	>	N	Ω	n	~
F	1111	SI	US	/	?	O	-	o	DEL

控制符号的定义

NUL	Null	空白	DLE	Data line escape	转义
SOH	Start of heading	序始	DC1	Device control 1	机控 1
STX	Start of text	文始	DC2	Device control 2	机控 2
ETX	End of text	文终	DC3	Device control 3	机控 3
EOT	End of tape	送毕	DC4	Device control 4	机控 4
ENQ	Enpuiry	询问	NAK	Negative acknowledge	未应答
ACK	Acknowledge	应答	SYN	Synchronize	同步
BEL	Bell	响铃	ETB	End of transmirted block	组终
BS	Backspace	退格	CAN	Cancel	作废
HT	Horizontal tab	横表	EM	End of medium	载终
LF	Line feed	换行	SUB	Substiute	取代
VT	Vertical tab	纵表	ESC	Escape	换码
FF	Form feed	换页	FS	File separator	文件隔离符
CR	Carriage returu	回车	GS	Group seqsrator	组隔离条符
SO	Shift out	移出	RS	Record separator	记录隔离符
SI	Shift in	移入	US	Union separator	单元隔离符
SP	Space	空格	DEL	Delete	删除

附录五 DOS 系统功能调用(INT 21H)

AH	功能	调用参数	返回参数
00	程序终止(同 INT 21H)	CS=程序段前缀 PSP	
01	键盘输入并回车	AL=输入字符	
02	显示输出	DL=输出字符	
03	辅助设备(COM1)输入	AL=输入数据	
04	辅助设备(COM1)输出	DL=输出字符	
05	打印机输出	DL=输出字符	
06	直接控制台 I/O	DL=FF(输入) DL=字符(输出)	AL=输入字符
07	键盘输入(无回显)		AL=输入字符
08	键盘输入(无回显)检测 CTRL—Break 或 Ctrl—C		AL=输入字符
09	显示字符串	DS:DX=串地址 字符串以'$'结尾	
0A	键盘输入字符串到缓冲区	DS:DX=缓冲区首址 (DS:DX)=缓冲区最大字符数	(DS:DX+1)=实际输入的字符数 DS:DX+2 字符串首地址
0B	检验键盘状态		AL=00 有输入 AL=FF 无输入
0C	清除缓冲区并请求指定的输入功能	AL=输入功能号 (1,6,7,8)	
0D	磁盘复位		清除文件缓冲区
0E	指定当前默认的磁盘驱动器	DL=驱动器号(0=A,1=B…)	AL=系统中驱动器数
0F	打开文件(FCB)	DS:DX=FCB 首地址	AL=00 文件找到 AL=FF 文件未找到
10	关闭文件(FCB)	DS:DX=FCB 首地址	AL=00 目录修改成功 AL=FF 目录中未找到文件
11	查找第一个目录项(FCB)	DS:DX=FCB 首地址	AL=00 找到匹配的目录项 AL=FF 未找到匹配的目录项
12	查找下一个目录项(FCB)	DS:DX=FCB 首地址使用通配符进行目录项查找	AL=00 找到匹配的目录项 AL=FF 未找到匹配的目录项
13	删除文件(FCB)	DS:DX=FCB 首地址	AL=00 删除成功 AL=FF 文件未删除

续表

AH	功能	调用参数	返回参数
14	顺序读文件(FCB)	DS:DX=FCB 首地址	AL=00 读成功 =01 文件结束,未读到数据 =02 DTA 边界错误 =03 文件结束,记录不完整
15	顺序写文件(FCB)	DS:DX=FCB 首地址	AL=00 写成功 =01 磁盘满或是只读文件 02=DTA 边界错误
16	建文件(FCB)	DS:DX=FCB 首地址	AL=00 建文件成功=FF 磁盘操作有错
17	文件改名(FCB)	DS:DX=FCB 首地址	AL=00 文件被改名 =FF 文件未改名
19	取当前默认磁盘驱动器		AL=00 默认的驱动器号 0=A,1=B,2=C…
1A	设置 DTA 地址	DS:DX=DTA 地址	
1B	取默认驱动器 FAT 信息		AL=每簇的扇区数 DS:BX=指向介质说明的指针 CX=物理扇区的字节数 DX=每磁盘簇数
1C	取指定驱动器 FAT 信息		同上
1F	取默认磁盘参数块		AL=00 无错=FF 出错 DS:BX=磁盘参数块地址
21	随机读文件(FCB)	DS:DX=FCB 首地址	AL=00 读成功 =01 文件结束 =02 DTA 边界错误 =03 读部份记录
22	随机写文件(FCB)	DS:DX=FCB 首地址	AL=00 写成功 =01 磁盘满或是只读文件 =02DTA 边界错误
23	测定文件大小(FCB)	DS:DX=FCB 首地址	AL=00 成功,记录数填入 FCB =FF 未找到匹配的文件
24	设置随机记录号	DS:DX=FCB 首地址	
25	设置中断向量	DS:DX=中断向量 AL=中断类型号	
26	建立程序段前缀 PSP	DX=新 PSP 段地址	
27	随机分块读(FCB)	DS:DX=FCB 首地址 CX=记录数	AL=00 读成功 =01 文件结束 =02DTA 边界错误 =03 读部分记录 CX=读取的记录数

续表

AH	功能	调用参数	返回参数
28	随机分块写(FCB)	DS:DX=FCB 首地址 CX=记录数	AL=00 写成功 =01 磁盘满或是只读文件 =02DTA 边界错误
29	分析文件名字符串(FCB)	ES:DI=FCB 首址 DS:SI=文件名串(允许通配符) AL=分析控制标志	AL=00 分析成功未遇到通配符 =01 分析成功存在通配符 =FF 驱动器说明无效
2A	取系统日期		CX=年(1980—2099) DH=月(1—12) DL=日(1—31) AL=星期(0—6)
2B	置系统日期	CX=年(1980—2099) DH=月(1—12) DL=日(1—31)	AL=00 成功 =FF 无效
2C	取系统时间		CH:CL=时:分 DH:DL=秒:1/100 秒
2D	置系统时间	CH:CL=时:分 DH:DL=秒:1/100 秒	AL=00 成功 =FF 无效
2E	设置磁盘检验标志	AL=00 关闭检验 =FF 打开检验	
2F	取 DTA 地址		ES:BX=DTA 首地址
30	取 DOS 版本号	AL=版本号 AH=发行号 BH=DOS 版本标志 BL:CX=序号(24 位)	
31	结束并驻留	AL=返回码 DX=驻留区大小	
32	取驱动器参数块	DL=驱动器号	AL=FF 驱动器无效 DS:BX=驱动器参数地址
33	CTRL—Break 检测	AL=00 取标志状态	DL=00 关闭 CTRL—Break 检测 =01 打开 CTRL—Break 检测
35	取中断向量	AL=中断类型	ES:BX=中断向量
36	取空闲磁盘空间	DL=驱动器号 0=默认,1=A,2=B…	成功:AX=每簇扇区数 BX=可用簇数 CX=每扇区字节数 DX=磁盘总簇数
38	置/取国别信息	AL=00 或取当前国别信息 =FF 国别代码放在 BX 中 DS:DX=信息区首地址 DX=FFFF 设置国别代码	BX=国别代码(国际电话前缀码) DS:DX=返回信息区码首址 AX=错误代码

续表

AH	功能	调用参数	返回参数
39	建立子目录	DS:DX=ASCIZ 串地址	AX=错误码
3A	删除子目录	DS:DX=ASCIZ 串地址	AX=错误码
3B	设置目录	DS:DX=ASCIZ 串地址	AX=错误码
3C	建立文件(handle)	DS:DX=ASCIZ 串地址 CX=文件属性	成功:AX=文件代号 失败:AX=错误码
3D	打开文件(handle)	DS:DX=ASCIZ 串地址 AL=访问和文件共享方式 0=读,1=写,2=读/写	成功:AX=文件代号 失败:AX=错误码
3E	关闭文件(handle)	BX=文件代号	失败:AX=错误码
3F	读文件设备(handle)	DS:DX=ASCIZ 串地址 BX=文件代号 CX=读取的字节数	成功:AX=实际读入的字节数 AX=0 已到文件尾 失败:AX=错误码
40	写文件或设备(handle)	DS:DX=ASCIZ 串地址 BX=文件代号 CX=写入的字节数	成功 AX=实际读入的字节数 失败:AX=错误码
41	删除文件	DS:DX=ASCIZ 串地址	成功:AX=00 失败:AX=错误码
42	移动文件指针	BX=文件代号 CX:DX=位移量 AL=移动方式	成功:DX:AX=新指针位置 失败:AX=错误码
43	置/取文件属性	DS:DX=ASCIZ 串地址 AL=00 取文件属性 AL=01 置文件属性 CX=文件属性	成功:CX=文件属性 失败:AX=错误码
44	设备驱动程序控制	BX=文件代号 AL=设备子功能代码(0-11H) 0=取设备信息 1=置设备信息 3=写字符设备 4=读块设备 5=写块设备 6=取输入状态 7=取输出状态,… BL=驱动器代码 CX=读/写的字节数	成功:DX=设备信息 AX=传送的字节数 失败:AX=错误码
45	复制文件号	BX=文件代号 1	成功:AX=文件代号 2 失败:AX=错误码
46	强行复制文件代号	BX=文件代号 1 CX=文件代号 2	失败:AX=错误码

续表

AH	功能	调用参数	返回参数
47	取当前目录路径名	DL＝驱动器号 DS:SI＝ASXIZ 串地址(从根目录开始路径名)	成功 DS:SI＝ASXIZ 串地址 失败:AX＝错误码
48	分配内存空间	BX＝申请内存字节数	成功:AX＝分配内存的初始段地址 失败:AX＝错误码 BX＝最大可用空间
49	释放已分配内存	ES＝内存起始段地址	失败: AX＝错误码
4A	修改内存分配	ES＝原内存起始段地址 BX＝新申请内存字节数	失败: AX＝错误码 BX＝最大可用空间
4B	装入/执行程序	DS:DX＝ASCIZ 串地址 ES:BX＝参数区首地址 AL＝00 装入并执行程序 ＝01 装入程序,但不执行	失败:AX＝错误码
4C	带返回码终止	AL＝返回码	
4D	取返回代码		AL＝子出口代码 AH＝返回代码 00＝正常终止 01＝用 Ctrl－C 终止 02＝严重设备错误终止 03＝用功能调用 31H 终止
4E	查找第一个匹配文件	DS:DX＝ASCIZ 串地址 CX＝属性	失败:AX＝错误码
4F	查找下一个匹配文件	DTA 保留 4EH 的原始信息	失败:AX＝错误码
50	置 PSP 段地址	BX＝新 PSP 段地址	
51	取 PSP 段地址		BX＝当前运行进行的 PSP
52	取磁盘参数块		ES:BX＝参数块链表指针
53	把 BIOS 参数块转换为 DOS 的驱动器参数块(DPB)	ES:BP＝DPB 的指针	
54	取写盘后读盘的检验标志		AL＝00 检验关闭 ＝01 检验打开
55	建立 PSP		DX＝建立 PSP 的段地址
56	文件改名	DS:DX＝当前 ASCIZ 串地址	失败:AX＝错误码
		ES:DI＝新 ASCIZ 串地址	

续表

AH	功能	调用参数	返回参数
57	置/取文件日期和时间	BX=文件代号	失败:AX=错误码
	AL=00 读取日期和时间		
	=01 设置日期和时间		
	(DX:CX)=日期:时间		
58	取/置内存分配策略	AL=00 取策略代码	成功:AX=策略代码
	AL=01 置策略代码	失败:AX=错误码	
	BX=策略代码		
59	取扩充错误码	BX=00	AX=扩充错误码 BH=错误类型 BL=建议的操作 CH=出错设备代码
5A	建立临时文件	CX=文件属性 DS:DX=ASCIZ 串(以\结束)地址	成功:AX=文件代号 DS:DX=ASCIZ 串地址 失败错误代码
5B	建立新文件	CX=文件属性 DS:DX=ASCIZ 串地址	成功:AX=文件代码 失败:AX=错误代码
5C	锁定文件存取	AL=00 锁定文件指定的区域 =01 开锁 BX=文件代号 CX:DX=文件区域偏移值 SI:DI=文件区域的长度	失败:AX=错误代码
5D	取/置严重错误标志的地址	AL=06 取严重错误标志地址 AL=0A 置 ERROR 结构指针	DS:SI=严重错误标志的地址
60	扩展为全路径名	DS:SI=ASCIZ 串的地址 ES:DI=工作缓冲区地址	失败:AX=错误代码
62	取程序段前缀地址		BX=PSP 地址
68	刷新缓冲区数据到磁盘	AL=文件代号	失败:AX=错误代码
6C	扩充的文件打开/建立		成功:AX=文件代号 CX=采取的动作 失败:AX=错误代码

附录六　BIOS 系统功能调用

INT	AH	功能	调用参数	返回参数
10	0	设置显示方式	AL=00 40×25 黑白文本,16 级灰度 =01 40×25 16 色文本 =02 80×25 黑白文本,16 级灰度 =03 80×25 16 色文本 =04 320×200 4 色图形 =05 320×200 黑白图形,4 级灰度 =06 640×200 黑白图形 =07 80×25 黑白文本 =08 160×200 16 色图形(MCGA) =09 320×200 16 色图形(MCGA) =0A 640×200 4 色图形(MCGA) =0D 320×200 16 色图形(EGA/VGA) =0E 640×200 16 色图形(EGA/VGA) =0F 640×350 单色图形(EGA/VGA) =10 640×350 16 色图形(EGA/VGA) =11 640×480 黑白图形(VGA) =12 640×480 16 色图形(VGA) =13 320×200 256 色图形(VGA)	
10	1	置光标类型	CH0—3=光标起始行 CL0—3=光标结束行	
10	2	置光标位置	BH=页号 DH/DL=行/列	
10	3	读光标位置	BH=页号	CH=光标起始行 CL=光标结束行 DH/DL=行/列
10	4	读光笔位置		AH=00 光笔未触发 =01 光笔触发 CH/BX=象素行/列 DH/DL=光笔字符行/列数
10	5	置当前显示页	AL=页号	
10	6	屏幕初始化或上卷	AL=0 初始化窗口 AL=上卷行数 BH=卷入行属性 CH/CL=左上角行/列号 DH/DL=右下角行/列号	

续表

INT	AH	功能	调用参数	返回参数
10	7	屏幕初始化或下卷	AL=0 初始化窗口 AL=下卷行数 BH=卷入行属性 CH/CL=左上角行/列号 DH/DL=右下角行/列号	
10	8	读光标位置的字符和属性	BH=显示页	AH/AL=字符/属性
10	9	在光标位置显示字符和属性	BH=显示页 AL/BL=字符/属性 CX=字符重复次数	
10	A	在光标位置显示字符	BH=显示页 AL=字符 CX=字符重复次数	
10	B	置彩色调色板	BH=彩色调色板 ID BL=和 ID 配套使用的颜色	
10	C	写像素	AL=颜色值 BH=页号 DX/CX=像素行/列	
10	D	读像素	BH=页号 DX/CX=像素行/列	AL=像素的颜色值
10	E	显示字符(光标前移)	AL=字符 BH=页号 BL=前景色	
10	F	取当前显示方式		BH=页号 AH=字符列数 AL=显示方式
10	10	置调色板寄存器(EGA/VGA)	AL=0,BL=调色板号,BH=颜色值	
10	11	装入字符发生器(EGA/VGA)	AL=0～4 全部或部分装入字符点阵集 AL=20～24 置图形方式显示字符集	
			AL=30 读当前字符集信息	ES:BP=字符集位置
10	12	返回当前适配器设置的信息(EGA/VGA)	BL=10H(子功能)	BH=0 单色方式 =1 彩色方式 BL=VRAM 容量 (0=64K,1=128K,…) CH=特征位设置 CL=EGA 的开关位置
10	13	显示字符串	ES:BP=字符串地址 AL=写方式(0～3)	
			CX=字符串长度 DH/DL=起始行/列 BH/BL=页号/属性	
11		取设备清单		AX=BIOS 设备清单字
12		取内存容量		AX=字节数(KB)
13	0	磁盘复位	DL=驱动器号(00,01 为软盘,80,81,…为硬盘)	失败:AH=错误码
13	1	读磁盘驱动器状态		AH=状态字节
13	2	读磁盘扇区	AL=扇区数 $CL_{6,7}CH_{0\sim7}$=磁道号 $CL_{0\sim5}$=扇区号 DH/DL=磁头号/驱动器号 ES:BX=数据缓冲区地址	读成功:AH=0 AL=读取的扇区数 读失败:AH=错误码

续表

INT	AH	功能	调用参数	返回参数
13	3	写磁盘扇区	同上	写成功:AH=0 AL=写入的扇区数 写失败:AH=错误码
13	4	检验磁盘扇区	AL=扇区数 $CL_{6,7}CH_{0\sim7}$=磁道号 $CL_{0\sim5}$=扇区号 DH/DL=磁头号/驱动器号	成功:AH=0 AL=检验的扇区数 失败:AH=错误码
13	5	格式化盘磁道	AL=扇区数 $CL_{6,7}CH_{0\sim7}$=磁道号 $CL_{0\sim5}$=扇区号 DH/DL=磁头号/驱动器号 ES:BX=格式化参数表指针	成功:AH=0 失败:AH=错误码
14	0	初始化串行口	AL=初始化参数 DX=串行口号	AH=通信口状态 AL=调制解调器状态
14	1	向通信口写字符	AL=字符 DX=通信口号	写成功:AH7=0 写失败:AH7=1 CH0~6=通信口状态
14	2	从通信号读字符	DX=通信口号	读成功:AH7=0 AL=字符 读失败:AH7=1
14	3	取通信号状态	DX=通信号	AH=通信口状态
				AL=调制解调器状态
14	4	初始化扩展 COM		
14	5	扩展 COM 控制		
15	0	启动盒式磁带机		
15	1	停止修理工磁带机		
15	2	磁带分块读	ES:BX=数据传输区地址 CX=字节数	AH=状态字节 =00 读成功 =01 冗余检验错 =02 无数据传输 =04 无引导 =80 非法命令
15	3	磁带分块读	DS:BX=数据传输区地址 CX=字节数	AH=状态字节(同上)
16	0	从键盘读字符 AL=字符码	AH=扫描码	
16	1	取键盘缓冲区状态		ZF=0 AL=字符码 AH=扫描码 ZF=1 缓冲区无按键等待
16	2	取键盘标志字节		AL=键盘标志字节
17	0	打印字符回送状态字节	AL=字符 DX=打印机号	AH=打印机状态字节

续表

INT	AH	功能	调用参数	返回参数
17	1	初始化打印机回送状态字节	DX=打印机号	AH=打印机状态字节
17	2	取打印机状态	DX=打印机号	AH=打印机状态字节
18		ROW BASIC 语言		
19		引导装入程序		
1A	0	读时钟		CH:CL=时:分 DH:DL=秒:1/100 秒
1A	1	置时钟	CH:CL=时:分 DH:DL=秒:1/100 秒	
1A	6	置报警时间	CH:CL=时:分(BCD) DH:DL=秒:1/100 秒(BCD)	
1A	7	清除报警		
33	00	鼠标复位	AL=00	AX=0000 硬件未安装 =FFFF 硬件已安装 BX=鼠标的键数
33	00	显示鼠标光标	AL=01	显示鼠标光标
33	00	隐藏鼠标光标	AL=02	隐藏鼠标光标
33	00	读鼠标状态	AL=03	BX=键状态 CX/DX=鼠标水平/垂直位置
33	00	设置鼠标位置	AL=04 CX/DX=鼠标水平/垂直位置	
33	00	设置图形光标	AL=09 BX/CX=鼠标水平/垂直中心 ES:DX=16×16 光标映像地址	安装了新的图形光标
33	00	设置文本光标	AL=0A　BX=光标类型 CX=象素位掩码或其始的扫描线 DX=光标掩码或结束的扫描线	设置的文本光标
33	00	读移动计数器	AL=0B	CX/DX=鼠标水平/垂直距离
33	00	设置中断子程序	AL=0C CX=中断掩码 ES:DX=中断服务程序的地址	

附录七 Debug命令表

命令	功能	格式
A(Assmble)	汇编语句	A[address]
C(Compare)	比较内存	C range address
D(Dump)	显示内存	D [address]
E(Enter)	改变内存	E address list
F(Fill)	填充内存	F range list
G(GO)	执行程序	G [address]
H(Hexarthmetic)	十六进制运算	H Value Value
I(Input)	输入	I port address
L(Load)	装入内存	L[address]
M(Move)	传送内存	M range range
N(Name)	定义文件	N [d:][path]filename[. com]
O(out put)	输出字节	O port address byte
Q(Quit)	退出 DEBUG 状态	Q
R((Register)	显示寄存器	R[register name]
S(Search)	检索字符	S rang list
T(Trace)	单步/多步跟踪	T orT[address][value]
U(Unassmble)	反汇编	U [address]orU[range]
W(Write)	文件或数据写盘	W [address[drive sector sector]]